图解现场施工实施系列

图解水、暖、电工程现场施工

土木在线　组编

机械工业出版社

本书由全国著名的建筑专业施工网站——土木在线组织编写，精选大量的施工现场实例，涵盖了建筑给水排水及采暖工程、建筑电气工程等各个方面。书中内容具体、全面，图片清晰，图面布局合理，具有很强的实用性与参考性。

本书可供广大建筑行业的工程技术人员参考使用。

图书在版编目（CIP）数据

图解水、暖、电工程现场施工/土木在线组编. —北京：机械工业出版社，2013.12（2025.1重印）
（图解现场施工实施系列）
ISBN 978-7-111-45712-1

Ⅰ.①图… Ⅱ.①土… Ⅲ.①给排水系统-建筑安装-工程施工-图解②采暖设备-建筑安装-工程施工-图解③电气设备-建筑安装-工程施工-图解 Ⅳ.①TU821-64②TU83-64

中国版本图书馆 CIP 数据核字（2014）第 023542 号

机械工业出版社（北京市百万庄大街22号　邮政编码100037）
策划编辑：张大勇　责任编辑：张大勇　范秋涛　版式设计：赵颖喆
责任校对：张　薇　封面设计：张　静　　　　责任印制：刘　媛
涿州市般润文化传播有限公司印刷
2025 年 1 月第 1 版第 14 次印刷
184mm×260mm · 11 印张 · 261 千字
标准书号：ISBN 978-7-111-45712-1
定价：26.80 元

电话服务　　　　　　　　　　网络服务
客服电话：010-88361066　　机　工　官　网：www.cmpbook.com
　　　　　010-88379833　　机　工　官　博：weibo.com/cmp1952
　　　　　010-68326294　　金　书　　网：www.golden-book.com
封底无防伪标均为盗版　　　机工教育服务网：www.cmpedu.com

前　　言

随着我国经济的不断发展，我国建筑业发展迅速，如今建筑业已成为我国国民经济五大支柱产业之一。在近几年的发展过程中，由于人们对建筑物外观质量、内在要求的不断提高和现代法规的不断完善，建筑业也由原有的生产组织方式改变为专业化的工程项目管理方式。因此对建筑劳务人员职业技能提出了更高的要求。

本套"图解现场施工实施系列"丛书从施工现场出发，以工程现场细节做法为基本内容，并对大部分细节做法都配有现场施工图片，以期能为建筑从业人员，特别是广大施工人员的工作带来一些便利。

本套丛书共分为5册，分别是《图解建筑工程现场施工》《图解钢结构工程现场施工》《图解水、暖、电工程现场施工》《图解园林工程现场施工》《图解安全文明现场施工》。

本套丛书最大的特点就在于，舍弃了大量枯燥而乏味的文字介绍，内容主线以现场施工实际工作为主，并给予相应的规范文字解答，以图文结合的形式来体现建筑工程施工中的各种细节做法，增强图书内容的可读性。

本书在编写过程中，汇集了一线施工人员在各种工程中的不同细部做法经验总结，也学习和参考了有关书籍和资料，在此一并表示衷心感谢。由于编者水平有限，书中难免会有缺陷和错误，敬请读者多加批评和指正。

参与本书编写的人员有：邓毅丰、唐晓青、张季东、杨晓超、黄肖、王永超、刘爱华、王云龙、王华侨、梁越、王文峰、李保华、王志伟、唐文杰、郑元华、马元、张丽婷、周岩、朱燕青。

目　　录

第一章　室内给水系统安装

第一节　室内给水管道及附件安装

一、预留洞口及固定支架预埋

1. 实际案例展示

2. 施工要点

在混凝土楼板、梁、墙上预留孔、洞、槽和预埋件时应有专人按设计图样将管道及设备的位置、标高尺寸测定，标好孔洞的部位，将预制好的模盒、预埋铁件在绑扎钢筋前按标记固定牢固，盒内塞入纸团等物，在浇筑混凝土过程中应有专人配合校对，看管模盒、埋件，以免移位。

一般混凝土结构的预留孔洞，由设计人员在结构图上给出尺寸大小；其他结构上的孔洞，若图样未注明，可按表1-1规定预留。

表1-1　给水排水管道预留孔洞尺寸

项次	管 道 名 称		明管留空尺寸（长×宽）/mm	暗管墙槽尺寸（宽×深）/mm
1	给水立管	管径≤25mm	100×100	130×130
		管径32~50mm	150×150	150×130
		管径70~100mm	200×200	200×200
2	一根排水立管	管径≤50mm	150×150	200×130
		管径70~100mm	200×200	250×200
3	两根给水立管	管径≤32mm	150×100	200×130
4	一根给水立管和一根排水立管在一起	管径≤50mm	200×150	200×130
		管径70~100mm	250×200	250×200
5	两根给水立管和一根排水立管在一起	管径≤50mm	200×150	200×130
		管径70~100mm	250×200	250×200
6	给水支管	管径≤25mm	100×100	60×60
		管径32~40mm	150×130	150×100
7	排水支管	管径≤80mm	250×200	—
		管径100mm	300×250	—
8	排水主干管	管径≤80mm	300×250	—
		管径100~125mm	350×300	—
9	给水引入管	管径≤100mm	300×300	
10	排水排出管穿基础	管径≤80mm	300×300	
		管径100~150mm	（管径+300）×（管径+200）	—

注：1. 给水引入管，管顶上部净空一般不小于100mm。
　　2. 排水排出管，管顶上部净空一般不小于150mm。

二、管道连接

1. 实际案例展示

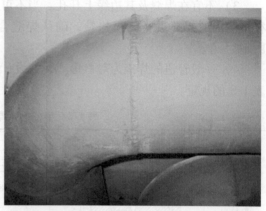

2. 管道法兰连接

1）凡管段与管段采用法兰盘连接或管道与法兰阀门连接者，必须按照设计要求和工作压力选用标准法兰盘。

2）法兰盘的连接螺栓直径、长度应符合标准要求，紧固法兰盘螺栓时要对称拧紧，紧固好的螺栓，凸出螺母的螺纹长度应为 2～3 扣，不应大于螺栓直径的 1/2。

3）法兰盘连接衬垫，一般给水管（冷水）采用厚度为 3mm 的橡胶垫，供热、蒸汽、生活热水管道应采用厚度为 3mm 的石棉橡胶垫。

4）法兰连接时衬垫不得凸入管内，其外边缘接近螺栓孔为宜。不得安放双垫或偏垫。

3. 管道焊接

1）根据设计要求，高层建筑消防管道及给水管道等根据所用管道材质可选用电、气焊连接。

2）焊缝的设置应避开应力集中区，便于焊接。除焊接及成型管件外的其他管道对接焊缝的中心到管道弯曲起点的距离不应小于管道外径，且不应小于100mm；管道对接焊缝与支、吊架边缘的距离不应小于50mm。同一直管段上两个对接焊缝中心面间的距离：当公称直径大于或等于150mm时，不应小于150mm；公称直径小于150mm时不应小于管道的外径。

3）不宜在焊缝及其边缘上开孔。当不可避免时，应对开孔直径1.5倍或开孔补强板直径范围内的焊缝进行无损检验，确认焊缝合格后，方可进行开孔。补强板覆盖的焊缝应磨平。

4）一般管道的焊接为对口形式，如设计无要求，电焊应符合表1-2的规定，气焊应符合表1-3的规定。

表1-2　手工电弧焊对口形式及组对要求

接头名称	对口形式	接头尺寸/mm			
		厚度 s	间隙 C	钝边 P	坡口角度 α(°)
管道对接 V 形接口		5 ~ 8	1.5 ~ 2.5	1 ~ 1.5	60 ~ 70
		8 ~ 12	2 ~ 3	1 ~ 1.5	60 ~ 65

注：$s \leqslant 4mm$ 的管道对接如能保证焊透可不开坡口。

表1-3　氧-乙炔焊对口形式及组对要求

接头名称	对口形式	接头尺寸/mm			
		厚度 s	间隙 C	钝边 P	坡口角度 α(°)
对接不开坡口		<3	1 ~ 2	—	—
管道对接 V 形接口		3 ~ 6	2 ~ 3	0.5 ~ 1.5	70 ~ 90

5）焊件的切割和坡口加工宜采用机械方法，也可采用氧—乙炔焰等热加工方法。在采用热加工方法加工坡口后，必须除去坡口表面的氧化皮、熔渣及影响接头质量的表面层，并应将凹凸不平处打磨平整。

6）焊件组对前应将坡口及其内外侧表面不小于10mm范围内的油、漆、垢、锈、毛刺及镀锌层等清除干净，且不得有裂纹、夹层、加工损伤、毛刺及火焰切割熔渣等缺陷。

7）除设计规定需进行冷拉伸或冷压缩的管道外，焊件不得进行强行组对。

8）管道或管件对接焊缝组对时，内壁应齐平，内壁错边量不宜超过管壁厚度的10%，且不应大于2mm。

9）不等厚对接焊件组对时，薄件端面应位于厚件端面之内。当内壁错边量大于上条规定时，应对焊件进行加工。

10）碳素钢焊接材料的选用。Q235-A·F，Q235-A、10号、20号、25号等钢材手工电弧焊均采用E4303（J422）焊条；氧—乙炔焊：Q235-A·F采用H08焊丝，Q235-A、10

号、20 号、25 号等钢材采用 H08Mn 焊丝。

11）焊条在使用前应按规定进行烘干，并应在使用过程中保持干燥。焊丝使用前应清除其表面的油污、锈蚀等。

12）管道焊接时应有防风、防雨雪措施。当焊件温度低于 0℃时，所有钢材的焊缝应在施焊处 100mm 范围内预热到 15℃以上。

13）焊件组对时应垫置牢固，并应采取措施防止焊接和热处理过程中产生附加应力和变形。

14）焊接前要将两管轴线对中，先将两管端部点焊牢，管径在 100mm 以下可点焊三个点，管径在 150mm 以上以点焊四个点为宜。定位焊缝焊接，应采用与根部焊相同的焊接材料和焊接工艺，并由合格焊工施焊。

15）在焊接根部焊道前，应对定位焊缝进行检查，当发现缺陷时应处理后方可施焊。

16）与母材焊接的工卡具其材质宜与母材相同或同一类别号。拆除工卡具时不应损伤母材，拆除后应将残留焊疤打磨修整至与母材表面平齐。

17）严禁在坡口之外的母材表面引弧和试验电流，并应防止电弧擦伤母材。

18）焊接时应采取合理的施焊方法和施焊顺序。管道焊接，管内应防止穿堂风。

19）施焊过程中应保证起弧和收弧处的质量，收弧时应将弧坑填满。多层焊的层间接头应错开。

20）多层焊每层焊完后，应立即对层间进行清理，并进行外观检查，发现缺陷消除后方可进行下一层的焊接。

21）对中断焊接的焊缝，继续焊接前应清理并检查，消除发现的缺陷并满足规定的预热温度后方可施焊。

22）焊接双面焊件时应清理并检查焊缝根部的背面，消除缺陷后方可施焊背面焊缝。规定清根的焊缝，应在清根后进行外观检查及规定的无损检验，消除缺陷后方可施焊。

23）除焊接作业指导书有特殊要求的焊缝外，焊缝应在焊完后立即去除渣皮、飞溅物，清理干净焊缝表面，然后进行焊缝外观检查。

24）管道及管件焊接的焊缝表面质量应符合下列要求：

① 焊缝外形尺寸应符合图样和工艺文件的规定，焊缝高度不得低于母材表面，焊缝与母材应圆滑过渡。

② 焊缝及热影响区表面应无裂纹、未熔合、未焊透、夹渣、弧坑和气孔等缺陷。

③ 钢管管道的焊口允许偏差和检验方法应符合表 1-4 的规定。

表 1-4　钢管管道焊口允许偏差和检验方法

项次	项目			允许偏差	检验方法
1	焊口平直度	管壁厚 10mm 以内		管壁厚的 1/4	焊接检验尺和游标卡尺检查
2	焊缝加强面	高度		+1mm	
		宽度			
3	咬边	深度		小于 0.5mm	直尺检查
		长度	连续长度	25mm	
			总长度（两侧）	小于焊缝长度的 10%	

25）焊缝的强度试验及严密性试验应在射线照相检验或超声波检验以及焊缝热处理后进行。焊缝的强度试验及严密度试验方法及要求应符合设计文件、相关标准的规定。

26）焊缝焊完后应在焊缝附近做焊工标记及其他规定的标记。

27）民用工程一般采用平焊法兰。管材与法兰盘焊接，应将管材插入法兰盘内，先点焊2~3点，再用角尺找正找平后方可焊接，法兰盘应两面焊接，其内侧焊缝不得凸出法兰盘密封面，如图1-1所示。

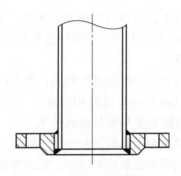

图1-1　管材与法兰盘焊接

4. 承插铸铁给水管胶圈接口

1）胶圈应形体完整，表面光滑，粗细均匀，无气泡，无重皮。用手扭曲、拉、折表面和断面不得有裂纹、凹凸及海绵状等缺陷，尺寸偏差应小于1mm，将承口工作面清理干净。

2）安放胶圈：胶圈擦拭干净，将胶圈弯成适当的形状，然后放入承口内的圈槽里，使胶圈均匀严整地紧贴承口内壁，如有隆起或扭曲现象，必须调平。

3）画安装线：对于装入的合格管，清除内部及插口工作面的黏附物，根据要插入的深度，沿管道插口外表面画出安装线，安装面应与管轴相垂直。

4）涂润滑剂：向管道插口工作面和胶圈内表面刷水擦上肥皂。

5）将被安装的管道插口端锥面插入胶圈内，稍微顶紧后，找正将管道垫稳。

6）安装安管器：一般采用钢箍或钢丝绳，先捆住管道。安管器有电动、液压气动，出力在50kN以下，最大不超过100kN。

7）插入：管道经调整对正后，缓慢启动安管器，使管道沿圆周均匀地进入并随时检查胶圈不得被卷入，直至承口端与插口端的安装线齐平为止。

8）橡胶圈接口的管道，每个接口的最大偏转角不得超过如下规定：

$DN \leqslant 200$mm时，允许偏转角度最大为5°；200mm$< DN \leqslant 350$mm时，为4°；$DN = 400$mm，为3°。

9）检查接口。插入深度、胶圈位置（不得离位或扭曲），如有问题时，必须拔出重新安装。

10）采用橡胶圈接口的埋地给水管道，在土壤或地下水对橡胶有腐蚀的地段，在回填土前应用沥青胶泥、沥青麻丝或沥青锯末等材料封闭橡胶圈接口。

11）推进、压紧：根据管道规格和施工现场条件选择施工方法。小管可用撬棍直接撬入，也可用千斤顶顶入，用锤敲入（锤击时必须垫好管道防止砸坏）。中、大管一般通过钢丝绳用倒链拉入，或使用卷扬机、绞磨、起重机、推土机、挖沟机等拉入。

三、管道敷设

1. 实际案例展示

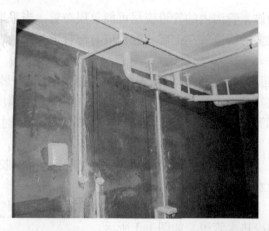

2. 施工要点

（1）管道敷设方式　根据建筑物性质和卫生标准要求，室内给水管道敷设有明装和暗装两种形式。

1）明装。明装是指管道在建筑物内沿墙、梁、柱、地板暴露敷设。这种敷设方式造价低，安装维修方便，但由于管道表面积灰，产生凝结水而影响环境卫生，也有碍室内美观。一般的民用建筑和大部分生产车间内的给水管道均采用明装。

2）暗装。暗装是指管道敷设在地下室的顶棚下或吊顶中，以及管沟、管道井、管槽和管廊内。这种敷设方式的优点是：室内整洁、美观。但施工复杂，维护管理不便，工程造价高。

标准较高的民用建筑、宾馆及工艺要求较高的生产车间（如精密仪器车间、电子元件车间）内的给水管道，一般采用暗装。

管道暗装时，必须考虑便于安装和检修。给水横干管宜敷设在地下室、技术层、吊顶或管沟内，立管和支管可敷设在管井或管槽内。管井尺寸应根据管道的数量、管径、排列方式、维修条件，结合建筑平面的结构形式等合理确定。当需进入检修时，其通道宽度不宜小于0.6m。管井应每层设检修门，暗装在顶棚或管槽内的管道在阀门处应留有检修门，且应开向走廊。

为了便于安装和检修，管沟内的管道应尽可能单层布置。当采取双层或多层布置时，一般将管径较小、阀门较多的管道放在上层。管沟应有与管道相同的坡度和防水、排水设施。

（2）管道穿墙

1）穿过楼板。管道穿过楼板时，应预先留孔，避免在施工安装时凿穿楼板面。管道通过楼板段应设套管，尤其是热水管道。对于现浇楼板，可以采用预埋套管。

2）通过沉降缝。管道一般不应通过沉降缝。实在无法避免时，可采用如下几种办法处理。

① 连接橡胶软管。用橡胶软管连接沉降缝两边的管道。但橡胶软管不能承受太高的温度，故此法只适用于冷水管道，如图1-2所示。

② 连接螺纹弯头。在建筑物沉降过程中，两边的沉降差可用螺纹弯头的旋转来补偿。此法适用于管径较小的冷热水管道，如图1-3所示。

③ 安装滑动支架。靠近沉降缝两侧的支架如图1-4所示，只能使管道垂直位移而不能水平横向位移。

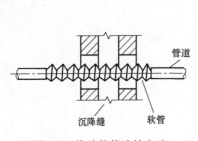

图1-2 橡胶软管连接方法

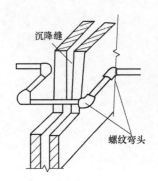

图1-3 螺纹弯头连接方法

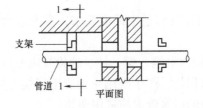

图1-4 滑动支架做法

3）通过伸缩缝。室内地面以上的管道应尽量不通过伸缩缝，必须通过时，应采取措施使管道不直接承受拉伸与挤压。室内地面以下的管道，在通过有伸缩缝的基础时，可借鉴通过沉降缝的做法处理。

四、干管安装

1. 实际案例展示

2. 施工要点

1）给水铸铁管道安装：

① 在干管安装前清扫管膛，将承口内侧插口外侧端头的沥青除掉，承口朝向来水方向顺序排列，连接的对口应不小于3mm。找平找直后，将管道固定。管道拐弯和始端处应支撑顶牢，防止捻口时轴向移动，所有管口随时封堵好。

② 采用橡胶圈接口的管道，允许沿曲线敷设，每个接口的最大偏转角不得超过20°。

③ 给水铸铁管与镀锌钢管连接时按图1-5的几种方式安装。

2）给水镀锌管道安装：安装时一般从总进口开始操作、总进口端头加好临时丝堵以备试压用。把预制完的管道运到安装部位按编号依次排开。安装前清扫管膛，螺纹连接管道抹上铅油缠好麻（或用生料带），用管钳按编号依次上紧，螺纹外露2~3扣，安装完毕后找直找正，复核甩口的位置、方向及变径无误。清除麻头，所有管口要加好临时丝堵。

3）热水管道的穿墙处均按设计要求加好套管及固定支架，安装补偿器按规定做好预拉伸，待管道固定卡件安装完毕后，除去预拉伸的支撑物，调整好坡度，翻身处高点要有放风、低点有泄水装置。

4）给水大管径管道使用无镀锌碳素钢管时，应采用焊接法兰连接，管材和法兰根据设计压力选用焊接钢管或无缝钢管，管道安装完毕先做水压试验，无渗漏编号后再拆开法兰进行镀锌加工。加工镀锌的管道不得刷漆及污染，管道镀锌后按编号进行二次安装。

五、立管安装

（1）立管明装　每层从上至下统一吊线安装卡件，将预制好的立管按编号分层排开，顺序安装，对好调直时的印记，螺纹外露2~3扣，清除麻头，校核预留甩口的高度、方向是否正确。外露螺纹和镀锌层破损处刷好防锈漆。支管甩口处均加好临时丝堵。立管截门安装

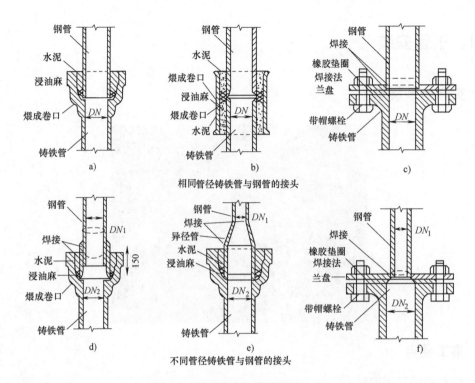

图 1-5　铸铁管与钢管的连接方式

a）承插管　b）套袖　c）法兰盘　d）直套管　e）异径管　f）法兰盘

朝向应便于操作和修理。安装完后用线坠吊直找正，配合土建加套管堵好楼板洞。

（2）立管暗装　竖井内立管安装的卡件宜在管井口设置型钢，上下统一吊线安装卡件。安装在墙内的立管应在结构施工中预留管槽，立管安装后吊直找正，用卡件固定。支管的甩口应露明并加好临时丝堵。

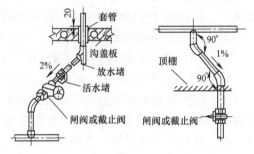

图 1-6　立管与横干管连接图（一）

（3）热水立管暗装　按设计要求加好套管。立管与横干管连接要采用 2 个弯头（图 1-6）。立管直线长度大于 15m 时，与横干管连接要采用 3 个弯头（图 1-7）。立管如有补偿器，安装如干管。

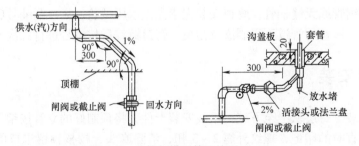

图 1-7　立管与横干管连接图（二）

六、支管安装

（1）支管明装　将预制好的支管从立管或横干管甩口依次逐段进行安装，有阀门应将阀门盖卸下再安装，根据管道长度适当加好临时固定卡，核定不同卫生器具的冷热水预留口高度、位置是否正确，找平找正后栽支管卡，去掉临时固定卡，上好临时丝堵。支管如装有水表先装上连接管，试压后在交工时拆下连接管，安装水表。

（2）支管暗装　确定支管高度后画线定位，剔出管槽，将预制好的支管敷在槽内，找平找正定位后用勾钉固定。卫生器具的冷热水预留口要做在明处，上好丝堵。

七、阀门安装

1. 实际案例展示

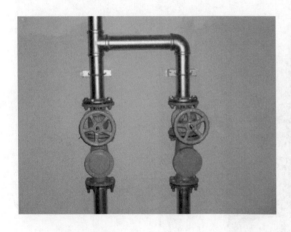

2. 施工要点

1）安装前应仔细检查、核对阀门的型号、规格是否符合设计要求。

2）根据阀门的型号和出厂说明书，检查它们是否可以在所要求的条件下应用，并且按设计和规范规定进行试压，请甲方或监理验收并填写试验记录。

3）检查填料及压盖螺栓，必须有足够的节余量，并要检查阀杆是否转动灵活，有无卡涩现象和歪斜情况。法兰和螺栓连接的阀门应加以关闭。

4）不合格的阀门不准安装。

5）阀门在安装时应根据管道介质流向确定其安装方向。

6）安装一般的截止阀时，使介质自阀盘下面流向上面，简称"低进高出"。安装闸阀、旋塞时，允许介质从任意一端流入流出。

7）安装止回阀时，必须特别注意阀体上箭头指向与介质的流向相一致，才能保证阀盘能自由开启。对于升降式止回阀，应保证阀盘中心线与水平面相互垂直。对于旋启式止回阀，应保证其摇板的旋转枢轴装成水平。

8）安装杠杆式安全阀和减压阀时，必须使阀盘中心线与水平面互相垂直，发现斜倾时应予以校正。

9）安装法兰阀门时，应保证两法兰端面相互平行和同心。尤其是安装铸铁等材质较脆弱的阀门时，应避免因强力连接或受力不均引起的损坏。拧螺栓应对称或十字交叉进行。

10）螺纹阀门应保证螺纹完整无缺，并按不同介质要求涂以密封填料物，拧紧时，必须用扳手咬牢拧入管道一端的六棱体上，以保证阀体不致拧变形或损坏。

八、室内给水管道压力试验

1. 实际案例展示

2. 施工要点

1）室内给水管道的水压试验必须符合设计要求。当设计未注明时，各种材质的给水管道系统试验压力均为工作压力的 1.5 倍，但不得小于 0.6MPa。

金属及复合管给水管道系统在试验压力下观测 10min，压力降不应大于 0.02MPa，然后降到工作压力进行检查，应不渗不漏；塑料管给水系统应在试验压力下保持 1h，压力降不得超过 0.05MPa，然后在工作压力的 1.15 倍状态下保持 2h，压力降不得超过 0.03MPa，同时检查各连接处，不得渗漏。

2）管道试压一般分单项试压和系统试压两种。单项试压是在干管敷设完后或隐蔽部位的管道安装完毕按设计和规范要求进行水压试验。

系统试压是在全部干、立、支管安装完毕，按设计或规范要求进行水压试验。

3）试压泵一般设在首层，或室外管道入口处。压力表量程不应小于试验压力的1.3倍，且精度为0.01MPa。

4）试压前应将预留口堵严，关闭入口总阀门和所有泄水阀门及低处放风阀门，打开各分路及主管阀门和系统最高处的放风阀门。水压试验之前，对试压管道应采取安全有效的固定和保护措施，但接头部位必须明露。

5）打开水源阀门，往系统内缓慢充水，将管道内气体排出并将阀门关闭。

6）检查全部系统，如有漏水处应做好标记，并进行修理，修好后再充满水进行加压，而后复查。如管道不渗、不漏，采用加压泵缓慢升压。

7）保持压力持续到规定时间，压力降在允许范围内，应通知有关单位验收并办理验收记录。

8）拆除试压水泵和水源，把管道系统内的水泄净。被破损的镀锌层和外露螺纹处做好防腐处理，再进行隐蔽工作。

9）冬期施工期间竣工而又不能及时供暖的工程进行试压时，必须采取可靠措施把水泄净，以防冻坏管道和设备。

10）对粘接连接的管道，水压试验必须在粘接连接安装24h后进行。

11）给水用铝塑复合管管道系统需将管道系统升压至0.6MPa，检查各配水件接口应无渗漏方可交付使用。

第二节　水 表 安 装

1. 实际案例展示

2. 施工要点

1）水表应安装在查看方便、不受曝晒、不受污染和不易损坏的地方，引入管上的水表装在室外水表井、地下室或专用的房间内。

2）水表装到管道上以前，应先除去管道中的污物（用水冲洗），以免水表造成堵塞。

3）水表应水平安装，并使水表外壳上的箭头方向与水流方向一致，切勿装反。水表前后应装设阀门。

4）对于不允许停水或设有消防管道的建筑，还应设旁通管道。此时水表后侧要装止回阀，旁通管上的阀门应设有铅封。

5）为了保证水表计量准确，水表前面应装有大于水表口径 10 倍的直管段，水表前面的阀门在水表使用时全部打开。

6）家庭独用小水表，明装于每户进水总管上，水表前应有阀门，水表外壳距墙面不得大于 30mm，水表中心距另一墙面（端面）的距离为 450～500mm，安装高度为 600～1200mm。水表前后直管段长度大于 300mm 时，其超出管段应用弯头引靠到墙面，沿墙面敷设，管中心距离墙面 20～25mm。

第三节　室内消火栓系统安装

一、干管安装

1. 实际案例展示

2. 施工要点

1）消火栓系统干管安装应根据设计要求使用管材，按压力要求选用碳素钢管或无缝钢管。当要求使用镀锌管件时（干管直径在 100mm 以上，无镀锌管件时采用法兰连接，试完压后做好标记拆下来加工镀锌），在镀锌加工前不得刷油和污染管道。需要拆装镀锌的管道应先安排施工。

2）干管用法兰连接每根配管长度不宜超过6m。直管段可把几根连接在一起，使用倒链安装，但不宜过长，也可调直后编号依次顺序吊装。吊装时，应先吊起管道一端，待稳定后再吊起另一端。

3）管道连接紧固法兰时，检查法兰端面是否干净，采用3～5mm的橡胶垫片。法兰螺栓的规格应符合规定。紧固螺栓应先紧最不利点，然后依次对称紧固。法兰接口应安装在易拆装的位置。

4）配水干管、配水管应做红色或红色环圈标志。

5）管网在安装中断时，应将管道的敞口封闭。

6）管道在焊接前应清除接口处的浮锈、污垢及油脂。

7）不同管径的管道焊接：连接时如两管径相差不超过小管径的15%，可将大管端部缩口与小管对焊；如果两管相差超过小管径的15%，应加工异径短管焊接。

8）管道对口焊缝上不得开口焊接支管，焊口不得安装在支吊架位置上。

9）管道穿墙处不得有接口（螺纹连接或焊接）。管道穿过伸缩缝处应有防冻措施。

10）碳素钢管开口焊接时要错开焊缝，并使焊缝朝向易观察和维修的方向上。

11）管道焊接时先焊三点以上，然后检查预留口位置、方向、变径等无误后，找直、找正，再焊接，紧固卡件、拆掉临时固定件。

二、立管安装

1. 实际案例展示

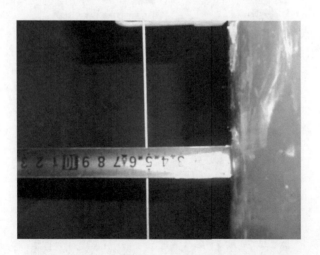

2. 施工要点

1）立管暗装在竖井内时，在管井预埋铁件上安装卡件固定，立管底部的支吊架要牢固，防止立管下坠。

2）立管明装时每层楼板要预留孔洞，立管可随结构穿入，以减少立管接口。

三、支管安装

1. 实际案例展示

2. 施工要点

消火栓支管要以栓阀的坐标、标高定位甩口，核定后再稳固消火栓箱，箱体找正稳固后再把栓阀安装好。栓阀侧装在箱内时应在箱门开启的一侧，箱门开启应灵活。

四、消防管道试压

1. 实际案例展示

2. 施工要点

1）埋地管道的位置及管道基础、支墩等经复查符合设计要求。

2）试压用的压力表不小于 2 只，精度不应低于 1.5 级，量程应为试验压力值的 1.5～2 倍。

3）冲洗方案已经批准。

4）对不能参与试压的设备、阀门及附件应加以隔离或拆除，加设的临时盲板应具有凸出于法兰的边耳，且应做明显标志，并记录临时盲板的数量。

5）系统试压过程中，当出现泄漏时，应停止试压，并应放空管网中的试验介质，消除缺陷后，重新再试。

6）系统试压完成后，应及时拆除所有临时盲板及试验用的管道，并应与记录核对无误，且应按规定填写记录。

7）水压试验和水冲洗宜采用生活用水进行，不得使用海水或有腐蚀性化学物质的水。

8）水压试验时环境温度不宜低于 5℃，当低于 5℃时，水压试验应采取防冻措施。

9）水压强度试验的测试点应设在系统管网的最低点。对管网注水时，应将管网内的空气排净，并应缓慢升压。

10）水压严密性试验应在水压强度试验和管网冲洗合格后进行。

五、阀门安装

1. 实际案例展示

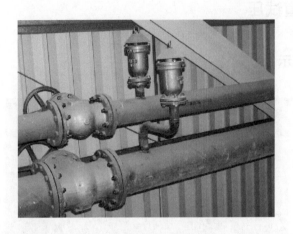

2. 施工要点

1) 阀门安装参见本章第一节相关内容。

2) 节流装置应安装在公称直径不小于 50mm 的水平管段上。减压孔板应安装在管道内水流转弯处下游一侧的直管上，且与转弯处的距离不应小于管道公称直径的 2 倍。

3) 末端试水装置宜安装在系统管网末端或分区管网末端。

六、消防水泵安装

1. 实际案例展示

2. 施工要点

1）水泵的规格型号应符合设计要求，水泵应采用自灌式吸水，水泵基础按设计图样施工，吸水管应加减振器。加压泵可不设减振装置，但恒压泵应加减振装置，进出水口加防噪声设施，水泵出口宜加缓闭式止回阀。

2）水泵配管安装应在水泵定位找平、找正，稳固后进行。水泵设备不得承受管道的重量。安装顺序为止回阀、阀门依次与水泵紧牢，与水泵相接配管的法兰先与阀门法兰紧牢，用线坠找直找正，量出配管尺寸，配管先点焊在这片法兰上，再把法兰松开取下焊接，冷却后再与阀门连接好，量后再焊与配管相接的另一管段。

3）配管法兰应与水泵、阀门的法兰相符，阀门安装手轮方向应便于操作，标高一致，配管排列整齐。

第四节　室内给水设备安装

一、水箱安装

1. 实际案例展示

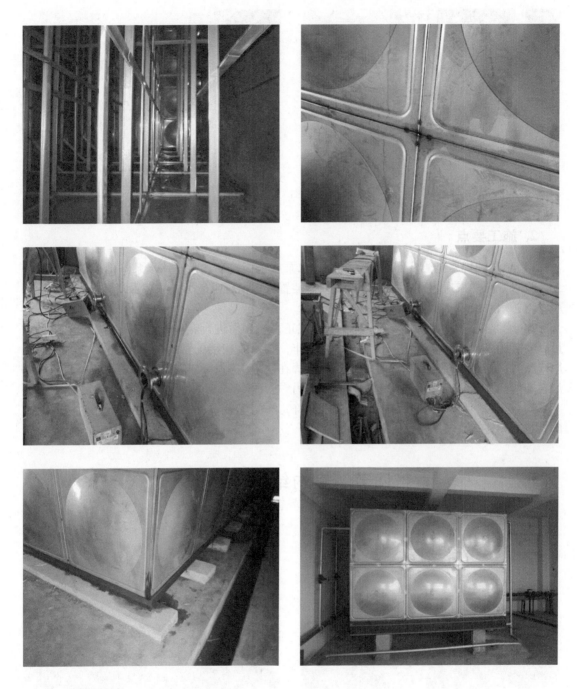

2. 施工要点

1）验收基础，并填写"设备基础验收记录"。

2）做好设备检查，并填写"设备开箱记录"。水箱如在现场制作，应按设计图样或标准图进行。

3）设备吊装就位，进行校平找正工作。

4）现场制作的水箱，按设计要求制作成水箱后须做盛水试验或煤油渗透试验。

① 盛水试验：将水箱完全充满水，经 2～3h 后用锤（一般 0.5～1.5kg）沿焊缝两侧约 150mm 的部位轻敲，不得有漏水现象。若发现漏水部位须铲去重新焊接，再进行试验。

② 煤油渗漏试验：在水箱外表面的焊缝上，涂满白垩粉或白粉，晾干后在水箱内焊缝上涂煤油，在试验时间内涂 2～3 次，使焊缝表面能得到充分浸润，如在白垩粉或白粉上没有发现油迹，则为合格。试验要求时间为：对垂直焊缝或煤油由下往上渗透的水平焊缝为 35min；对煤油由上往下渗透的水平焊缝为 25min。

③ 敞口水箱的满水试验和密闭水箱（罐）的水压试验如无设计要求，应符合下列规定：

敞口水箱、罐安装前，应做满水试验；满水试验静置 24h 观察，不渗不漏为合格。密闭水箱、罐，水压试验在试验压力下 10min 内压力不下降，不渗不漏为合格。

5）盛水试验后，内外表面除锈，刷红丹两遍。

6）整体安装或现场制作的水箱，按设计要求其内表面刷汽包漆两遍，外表面如不做保温再刷油性调和漆两遍，水箱底部刷沥青漆两遍。

7）水箱支架或底座安装，其尺寸及位置应符合设计规范规定，埋设平整牢固。

8）按图样安装进水管、出水管、溢流管、排污管、水位信号管等，水箱溢流管和泄放管应设置在排水地点附近但不得与排水管直接连接。

9）按系统进行水压试验。

10）需绝热的要进行保温处理。水箱保温适宜采用泡沫混凝土及泡沫珍珠岩的板状保温材料。一般水箱的表面积大，受热膨胀（冷缩）的影响，保温层易与设备脱离，因此，在设备或水箱外部焊上钩钉以固定保温层。钩钉间距一般为 200～300mm，钩钉高度等于保温层厚度，外部抹保护壳。冷水箱也可采用泡沫塑料聚苯板或软木板用热沥青贴在水箱上，外包塑料布。

二、水泵安装

1. 实际案例展示

2. 施工要点

1）离心泵机组分带底座和不带底座两种形式。一般小型离心泵出厂均与电动机装配在同一铸铁底座上，口径较大的泵出厂时不带底座，水泵和动力机械直接安装在基础上。

2）带底座水泵的安装。

① 安装带底座的小型水泵时，先在基础面和底座面上画出水泵中心线，然后将底座吊装在基础上，套上地脚螺栓和螺母，调整底座位置，使底座上的中心线和基础上的中心线一致。

② 用水平仪在底座加工面上检查是否水平。不水平时，可在底座下承垫垫铁找平。

③ 垫铁的平面尺寸一般为：60mm×800mm～100mm×150mm，厚度为10～20mm。垫铁一般放置在底座的地脚螺栓附近。每处叠加的数量不宜多于三块。

④ 垫铁找平后，拧紧设备地脚螺栓上的螺母，并对底座水平度再进行一次复核。

⑤ 底座装好后，把水泵吊放在底座上，并对水泵的轴线、进出水口中心线和水泵的水平度进行检查和调整。

⑥ 如果底座上已装有水泵和电动机时，可以不卸下水泵和电动机而直接进行安装，其安装方法与无共用底座水泵的安装方法相同。

3）无共用底座水泵的安装。

① 安装顺序是先安装水泵，待其位置与进出水管的位置找正后，再安装电动机。吊水泵可采用三脚架。起吊时一定要注意，钢线绳不能系在泵体上，也不能系在轴承架上，更不能系在轴上，只能系在吊装环上。

② 水泵就位后应进行找正。水泵找正包括中心线找正、水平找正和标高找正。找正找平要在同一平面内两个或两个以上的方向上进行，找平要根据要求用垫铁调整精度，不得用松紧地脚螺栓或其他局部加压的方法调整。垫铁的位置及高度、块数均应符合有关规范要求，垫铁表面污物要清理干净，每一组放置整齐平稳、接触良好。

③ 中心线找正：水泵中心线找正的目的是使水泵摆放的位置正确，不歪斜。找正时，用墨线在基础表面弹出水泵的纵横中心线，然后在水泵的进水口中心和轴的中心分别用线坠吊垂线，移动水泵，使线锤尖和基础表面的纵横中心线相交。

④ 水平找正：水平找正可用水准仪或0.1～0.3mm/m精度的水平尺测量。小型水泵一般用水平尺测量。操作时，把水平尺放在水泵轴上测其轴向水平，调整水泵的轴向位置，使水平尺气泡居中，误差不应超过0.1mm/m，然后把水平尺平行靠在水泵进出水口法兰的垂直面上，测其径向水平。

大型水泵找水平可用水准仪或吊垂线法进行测量。吊垂线法是将垂线从水泵进出口吊下，如用钢板尺测出法兰面距垂线的距离上下相等，即为水平；若不相等，说明水泵不水平，应进行调整，直到上下相等为止。

⑤ 标高找正：标高找正的目的是检查水泵轴中心线的高程是否与设计要求的安装高程相符，以保证水泵能在允许吸水高度内工作。标高找正可用水准仪测量，小型水泵也可用钢板尺直接测量。

第二章 室内排水系统安装

第一节 排水管道安装

一、干管安装

1. 实际案例展示

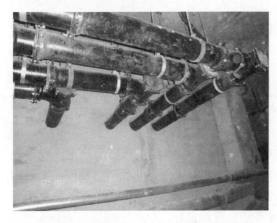

2. 施工要点

（1）管道铺设安装

1）在挖好的管沟或房心土回填到管底标高处铺设管道时，应将预制好的管段按承口朝向来水方向，由出水口处向室内顺序排列。挖好捻灰口用的工作坑，将预制好的管段徐徐放入管沟内，封闭堵严总出水口，做好临时支撑，按施工图样的坐标、标高找好位置、坡度，以及各预留管口的方向和中心线，将管段承插口连接。

2）在管沟内捻灰口前，先将管道调直、找正，用麻钎将承插口缝隙找均匀，把麻打实，校直、校正，管道两侧用土培好，预防捻灰口时管道移动。

3）将水灰比例1:9的水泥捻口灰拌好后，装在灰盘内放在承插口下部。人跨在管道上，一手填灰，一手用捻凿捣实。先填下部，由下而上边填边捣实，填满后用手锤打实，再填再打，将灰口打满打平为止。

4）捻好的灰口，用湿麻绳缠好养护或回填湿润细土掩盖养护。

5）管道铺设捻好灰口后，再将立管及首层卫生洁具的排水预留管口，按室内地平线、坐标位置及轴线找好尺寸，接至规定高度，将预留管口装上临时丝堵。

6）按照施工图对铺好的管道坐标、标高及预留管口尺寸进行自检，确认准确后即可从预留管口处灌水做闭水试验，水满后观察水位不下降，各接口及管道不渗漏，经有关人员检查，并填写隐蔽工程验收记录，办理隐蔽工程验收手续。

7）管道系统经隐蔽验收合格后，临时封堵各预留管口，配合土建封堵孔洞，按规定回填土。

（2）托、吊管道的安装

1）安装在管道设备层内的铸铁排水干管可根据设计要求做托吊或砌砖墩架设。

2）托、吊干管要先搭设架子，将托架按设计坡度栽好或栽好吊卡，量准吊杆尺寸。将预制好的管道托、吊安装牢固，并将立管预留口位置及首层卫生洁具的排水预留管口，按室内地平线、坐标位置及轴线找好尺寸，接至规定高度，将预留管口装上临时丝堵。

3）托、吊排水干管在吊顶内者，需做闭水试验，按隐蔽工程项目办理隐蔽手续。

二、立管安装

1. 实际案例展示

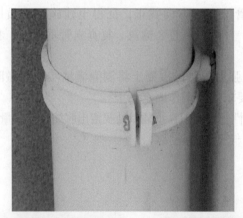

2. 施工要点

1）根据施工图校对预留管洞尺寸有无差错，如是预制混凝土楼板则需剔凿楼板洞，应按位置画好标记，对准标记剔凿。如需断筋，必须征得土建施工人员同意，按规定要求处理。

2）安装立管应两人上下配合，一人在上一层楼板上，由管洞内投下一个绳头，下面一人将预制好的立管上半部拴牢，上拉下托将立管下部插口插入下层管承口内。

3）立管插入承口后，下层的人把甩口及立管检查口方向找正，征得土建施工人员同意，上层的人用木锲将管在楼板洞口处临时卡牢，打麻、吊直、捻灰。复查立管垂直度，将立管临时固定牢固。

4）立管安装完毕后，配合土建用不低于楼板强度等级的混凝土将洞灌满堵实，并撤除临时支架。如是高层建筑或管道井内，应按设计要求用型钢作固定支架。

5）高层建筑考虑管道胀缩补偿，可采用法兰柔性管件，但在承插口处要留出胀缩补偿余量。

6）高层建筑采用辅助透气管，可采用辅助透气型管件连接。

三、支管安装

1. 实际案例展示

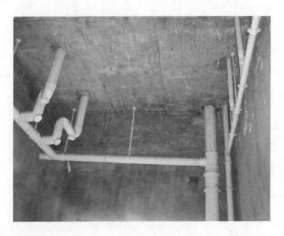

 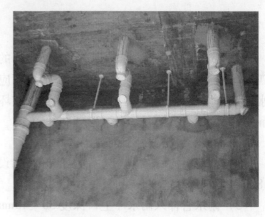

2. 施工要点

1）支管安装应先搭好架子，并将托架按坡度栽好，或栽好吊卡，量准吊棍尺寸。将预制好的管道托到架子上，再将支管插入立管预留口的承口内，将支管预留口尺寸找准，并固定好支管，然后打麻、捻灰口。

2）支管设在吊顶内末端有清扫口时，应将管接至上层地面上，便于清掏。

3）支管安装完后，可将卫生洁具或设备的预留管安装到位，找准尺寸并配合土建将楼板孔洞堵严，预留管口装上临时丝堵。

第二节　雨水管道及配件安装

一、雨水斗安装

1. 实际案例展示

2. 施工要点

安装雨水斗时，是将其安放在事先预留的孔洞内。屋面防水层应伸入环形筒下，雨水斗四周防水油毡弯折应平缓；雨水斗下的短管应牢固固定在屋面承重结构上，以防止由于屋面水流冲击以及连接管自重的作用而削弱或破坏雨水斗与天沟沟体连接处的强度，造成接缝处漏水。

雨水斗安装应符合下列规定：

1）雨水斗水平高差应不大于 5mm。设置在阳台的雨水斗，上口距阳台板底应为 180 ~ 400mm。

2）雨水管伸入雨水斗上口深度 30 ~ 40mm，且雨水管口距雨水斗内壁不小于 20mm。

3）雨水斗排水口与雨水管连接处，雨水管上端面应留有 6 ~ 10mm 的伸缩余量。

4）雨水斗应固定在屋面承重结构上。雨水斗边缘与屋面相连处应严密不漏。连接管管径当设计无要求时，不得小于 100mm。

5）雨水斗安装完毕，随雨水管露明表面刷设计要求的面漆。

二、雨水管安装

1. 实际案例展示

2. 施工要点

1）悬吊式雨水管道的敷设坡度不得小于 5‰；埋地雨水排水管道的最小坡度应符合表 2-1 的规定。

表 2-1　埋地雨水排水管道的最小坡度

项次	管径/mm	最小坡度(‰)	项次	管径/mm	最小坡度(‰)
1	50	20	4	125	6
2	75	15	5	150	5
3	100	8	6	200 ~ 400	4

2）雨水斗的连接管应固定在屋面承重结构上。连接管管径应符合设计的要求，当设计

无要求时，不得小于100mm。

3）悬吊式雨水管道的检查口或带法兰堵口的三通的间距不得大于表2-2的规定。

表2-2　悬吊管检查口间距

项　　次	悬吊管直径/mm	检查口间距/m
1	≤150	≥15
2	≥200	≥20

4）雨水管道如采用塑料管，其伸缩节应符合设计要求。

5）雨水管道不得与生活污水管道相连接。

6）为防止屋面雨水在施工期间进入建筑物内，室内雨水系统应在屋面结构层施工验收完毕后的最佳时间内完成。

7）高层建筑内排水管可采用稀土铸铁排水管，管材承压可达到0.8MPa以上，管材长度可根据楼层高度确定，每层只需一根管，捻一个水泥灰口。

8）雨水管道安装后，应做灌水试验，高度必须到每根立管最上部的雨水漏斗。

第三章 室内热水供应系统安装

第一节 管道及配件安装

一、管道支架制作与安装

1. 实际案例展示

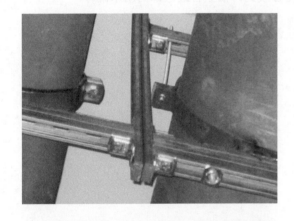

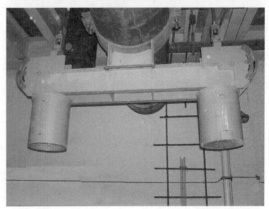

2. 支吊架的制作

1) 管道支吊架应按照设计图样要求选用材料制作, 其加工尺寸、型号、精度及焊接均应符合设计要求。

2) 下料前, 先将型钢调直。下料时应采用砂轮切割机切割型钢。大型型钢在现场用气割切断时，应将切口用砂轮将氧化层磨光，切口表面应垂直。

3）用台钻钻孔，不得使用氧—乙炔焰吹割孔；煨制要圆滑均匀。各种支吊架要无毛刺、豁口、漏焊等缺陷，支吊架制作或安装后要及时刷漆防腐。

3. 管道支、吊、托架安装应符合的规定

1）位置正确，埋设应平整牢固。

2）固定支架与管道接触应紧密，固定应牢靠。

3）滑动支架应灵活，滑托与滑槽两侧间应留有 3～5mm 的间隙，纵向移动量应符合设计要求。

4）无热伸长管道的吊架、吊杆应垂直安装。

5）有热伸长管道的吊架、吊杆应向热膨胀的反方向偏移。

6）固定在建筑结构上的管道支、吊架不得影响结构的安全。

7）管道及管道支墩（座），严禁铺设在冻土或未经处理的松土上。

8）管道的支、吊架安装应平整牢固，其间距应符合如下规定：

① 钢管水平安装的支架间距不应大于表 3-1 规定。

表 3-1　钢管管道支架的最大间距

公称直径/mm		15	20	25	32	40	50	70	80	100	125	150	200	250	300
支架的最大间距/m	保温管	2	2.5	2.5	2.5	3	3	4	4	4.5	6	7	7	8	8.5
	不保温管	2.5	3	3.5	4	4.5	5	6	6	6.5	7	8	9.5	11	12

② 给水塑料管及复合管垂直或水平安装的支架间距应符合表 3-2 规定要求。采用金属制作的管道支架，应在管道与支架间加衬非金属垫或套管。

表 3-2　塑料管及复合管管道支架的最大间距

管径/mm			12	14	16	18	20	25	32	40	50	63	75	90	110
最大间距/m	立管		0.5	0.6	0.7	0.8	0.9	1.0	1.1	1.3	1.6	1.8	2.0	2.2	2.4
	水平管	冷水管	0.4	0.4	0.5	0.5	0.6	0.7	0.8	0.9	1.0	1.1	1.2	1.35	1.55
		热水管	0.2	0.2	0.25	0.3	0.3	0.35	0.4	0.5	0.6	0.7	0.8		

③ 铜管垂直或水平安装的支架间距应符合表 3-3 规定。

表 3-3　铜管管道支架的最大间距

公称直径/mm		15	20	25	32	40	50	65	80	100	125	150	200
支架的最大间距/m	垂直管	1.8	2.4	2.4	3.0	3.0	3.0	3.5	3.5	3.5	3.5	4.0	4.0
	水平管	1.2	1.8	1.8	2.4	2.4	2.4	3.0	3.0	3.0	3.0	3.5	3.5

④ 采暖、给水及热水供应系统的金属管道立管管卡安装应符合下列规定：

A. 楼层高度小于或等于 5m，每层必须安装 1 个。

B. 楼层高度大于 5m，每层不得少于 2 个。

C. 管卡安装高度，距地面应为 1.5～1.8m，2 个以上管卡应匀称安装，同一单位工程中管卡宜安装在同一高度上；同一房间内管卡应安装在同一高度上。

4. 支、吊、托架的安装

1）用22号钢丝或小线在型钢下表面吊孔中心位置拉直绷紧，把中间型钢吊架依次栽好。

2）按设计要求的管道标高、坡度结合吊卡间距、管径大小、吊卡中心计算每根吊杆长度并进行预制加工，待安装管道时使用。

5. 型钢托吊安装

1）安装托架前，按设计标高计算出两端的管底高度，在墙上或沟壁上放出坡线，或按土建施工的水平线，上下量出需要的高度，按间距画出托架位置标记，剔凿全部墙洞。

2）用水冲净两端孔洞，将C20细石混凝土或M20水泥砂浆填入洞深的一半，再将预制好的型钢托架插入洞内，用碎石塞住，校正卡孔的距墙尺寸和托架高度，将托架栽平，用水泥砂浆将孔洞填实抹平，然后在卡孔中心位置拉线，依次把中间托架栽好。

3）U形活动卡架一头套螺纹，在型钢托架上下各安一个螺母；U形固定卡架两头套螺纹，各安一个螺母，靠紧型钢在管道上焊两块止动钢板。

6. 双立管卡安装

1）在双立管位置中心的墙上画好卡位印记。

2）按印记剔直径60mm左右、深度不少于80mm的洞，用水冲净洞内杂物，将M50水泥砂浆填入洞深的一半，将预制好的φ10×170mm带燕尾的单头丝杆插入洞内，用碎石卡牢找正，上好管卡后再用水泥砂浆填塞抹平。

7. 立支单管卡安装

先将位置找好，在墙上画好印记，剔直径60mm左右、深度100~120mm的洞，卡子距地高度和安装工艺与立管卡相同。

8. 用射钉或膨胀螺栓安装

在没有预留孔、洞和预埋件的混凝土构件上，可以选用射钉或膨胀螺栓安装支架，但不宜安装推力较大的固定支架。

9. 膨胀螺栓安装支架

有不带钻和带钻两种，常用规格为M8、M10、M12等。

1）用不带钻膨胀螺栓安装支架时，必须先在安装支架的位置上钻孔。

2）钻出的孔必须与构件表面垂直。孔的直径与套管外径相等，深度为套管长度加15mm。钻好后，将孔内的碎屑清除干净。

3）把套管套在螺栓上，套管的开口端朝向螺栓的锥形尾部；再把螺母带在螺栓上。然后打入已钻好的孔内，到螺母接触孔口时，用扳手拧紧螺母。随着螺母的拧紧，螺栓的锥形尾部就把开口的套管尾部胀开，使螺栓和套管一起紧固在孔内，如图3-1所示。

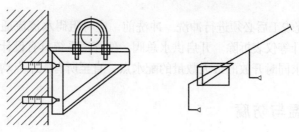

图 3-1　螺栓和套管紧固图

10. 安装并列管道

应注意使管道间距排列标准化。支架标高须使管道安装后的标高与设计相符。

二、热水管道安装

1. 实际案例展示

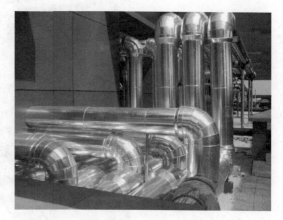

2. 施工要点

1）管道安装坡度符合设计规定。

2）热水供应管道应尽量利用自然弯补偿热伸缩，直线段过长则应设置补偿器。补偿器形式、规格、位置应符合设计要求，并按有关规定进行预拉伸。

3）温度控制器及阀门应安装在便于观察和维护的位置。

4）热水供应管道和阀门安装的允许偏差应符合有关规定。

5）热水供应系统安装完毕，管道保温之前应进行水压试验。

① 试验压力应符合设计要求。当设计未注明时，热水供应系统水压试验压力应为系统顶点的工作压力加 0.1MPa，同时在系统顶点的试验压力不小于 0.3MPa。

② 钢管或复合管道系统试验压力下 10min 内压力降不大于 0.02MPa，然后降至工作压力检查，压力应不降，且不渗不漏；塑料管道系统在试验压力下稳压 1h，压力降不得超过 0.05MPa，然后在工作压力 1.15 倍状态下稳压 2h，压力降不得超过 0.03MPa，连接处不得

渗漏。

6）热水供应系统竣工后必须进行冲洗。冲洗前，应将阻碍水流流通的调节阀、减压阀及其他可能损坏的温度计等仪表拆除。开启供水总阀，使管道系统具有设计要求的最大压力管流量，同时开启设计要求同时开放的最大数量的配水点，直至所有配水点均放出洁净水为合格。

三、管道保温与防腐

1. 实际案例展示

2. 施工要点

热水供应系统管道应按设计要求进行保温，保温材料、厚度、保护壳等应符合设计规定。保温层的允许偏差和检验方法应符合表3-4的规定。

表3-4　管道及设备保温层的允许偏差和检验方法

项次	项　　目		允许偏差/mm	检验方法
1	厚度		$+0.1\delta$ -0.05δ	用钢针刺入
2	表面平整度	卷材	5	用2m靠尺和楔形塞尺检查
		发泡	10	

注：δ 为保温层厚度。

第二节 太阳能热水器安装

1. 实际案例展示

2. 施工要点

1）根据设计要求开箱核对热水器的规格型号是否正确，配件是否齐全。

2）清理现场，画线定位。

3）支座制作安装，应根据设计详图配制，一般为成品现场组装。其支座架地脚盘安装应符合设计要求。

4）热水器设备组装。

① 在安装太阳能集热器玻璃前，应对集热排管和上、下集热管做水压试验，试验压力为工作压力的 1.5 倍。试验压力下 10min 内压力不降，不渗不漏为合格。

② 制作吸热钢板凹槽时，其圆度应准确，间距应一致。安装集热排管时，应用卡箍和钢丝紧固在钢板凹槽内。

③ 安装固定式太阳能热水器朝向应为正南，如受条件限制时，其偏移角不得大于 15°。集热器的倾角，对于春、夏、秋三个季节使用的，应采用当地纬度为倾角；若以夏季为主，可比当地纬度减少 10°。

④ 太阳能热水器的最低处应安装泄水装置。

⑤ 太阳能热水器安装的允许偏差和检验方法应符合表 3-5 的规定。

表 3-5　太阳能热水器安装的允许偏差和检验方法

项　　目			允许偏差	检验方法
板式直管 太阳能热水器	标高	中心线距地面/mm	±20	尺量
	固定安装朝向	最大偏移角	不大于 15°	分度仪检查

5）直接加热的储热水箱制作安装。

① 给水应引至水箱底部，可采用补给水箱或漏斗配水方式。

② 热水应从水箱上部流出，接管高度一般比上循环管进口低 50～100mm。为保证水箱内的水能全部使用，应从水箱底部接出管与上部热水管并联。

③ 上循环管接水箱上部，一般比水箱顶低 200mm 左右，并要保证正常循环时淹没在水面以下，并使浮球阀安装后工作正常。

④ 下循环管接水箱下部，为防止水箱沉积物进入集热器，出水口宜高出水箱底 50mm以上。

⑤ 由集热器上、下集管接往热水箱的循环管道，应有不小于 0.5‰的坡度。

⑥ 水箱应设有泄水管、透水管、溢流管和需要的仪表装置。

⑦ 自然循环的热水箱底部与集热器上集管之间的距离为 0.3～1.0m，上下集管设在集热器以外时应高出 600mm 以上。

6）自然循环系统管道安装。

① 为减少循环水头损失，应尽力缩短上、下循环管道的长度和减少弯头数量，应采用大于 4 倍曲率半径、内壁光滑的弯头和顺流三通。

② 管路上不宜设置阀门。

③ 在设置几台集热器时，集热器可以并联、串联或混联，循环管路应对称安装，各回路的循环水头损失平衡。

④ 循环管路（包括上下集管）安装应有不小于 1% 的坡度，以便于排气。管路最高点应设通气管或自动排气阀。

⑤ 循环管路系统最低点应加泄水阀，使系统存水能全部泄净。每台集热器出口应加温度计。

7）机械循环系统适合大型热水器设备使用。安装要求与自然循环系统基本相同，还应注意以下几点：

① 水泵安装应能满足系统 100℃ 高温下正常运行。

② 间接加热系统高点应设膨胀管或膨胀水箱。

8）热水器系统安装完毕，在交工前按设计要求安装温控仪表。

9）凡以水作介质的太阳能热水器，在 0℃ 以下地区使用，应采取防冻措施。热水箱及上、下集管等循环管道均应保温。

10）太阳能热水器系统交工前进行调试运行。系统上满水，排除空气，检查循环管路有无气阻和滞流，机械循环系统应检查水泵运行情况及各回路温升是否均衡，做好温升记录，水通过集热器一般应升温 3~5℃。符合要求后办理交工验收手续。

第四章 卫生器具安装

第一节 卫生器具主体安装

一、卫生器具的固定

1）卫生器具的安装应采用预埋螺栓或膨胀螺栓安装固定。
2）卫生器具安装高度如无设计要求应符合表4-1规定。
3）卫生器具的支、托架必须防腐良好，安装平整、牢固，与器具接触紧密、平稳。
4）卫生器具安装的允许偏差和检验方法应符合表4-2的规定。

表4-1 卫生器具的安装高度

项次	卫生器具名称		卫生器具安装高度/mm		备 注
			居住和公共建筑	幼儿园	
1	污水盆（池）	架空式	800	800	
		落地式	500	500	
2	洗涤盆（池）		800	800	
3	洗脸盆、洗手盆（有塞、无塞）		800	500	自地面至器具上边缘
4	盥洗槽		800	500	
5	浴盆		≥520		
6	蹲式大便器	高水箱	1800	1800	自台阶面至高水箱底
		低水箱	900	900	自台阶面至低水箱底
7	坐式大便器	高水箱	1800	1800	自地面至高水箱底
		低水箱 外露排水管式	510	370	自地面至低水箱底
		虹吸喷射式	470		
8	小便器	挂式	600	450	自地面至下边缘
9	小便槽		200	150	自地面至台阶面
10	大便槽冲洗水箱		≮2000		自台阶面至水箱底
11	妇女卫生盆		360		自地面至器具上边缘
12	化验盆		800		自地面至器具上边缘

表4-2 卫生器具安装的允许偏差和检验方法

项次	项 目		允许偏差/mm	检 验 方 法
1	坐标	单独器具	10	拉线、吊线和尺量检查
		成排器具	5	

（续）

项次	项　目		允许偏差/mm	检验方法
2	标高	单独器具	±15	
		成排器具	±10	
3	器具水平度		2	用水平尺和尺量检查
4	器具垂直度		3	吊线和尺量检查

二、小便器安装

1. 实际案例展示

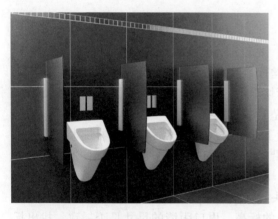

2. 挂式小便器安装

1）首先，对准给水管中心画一条垂线，由地平向上量出规定的高度画一水平线。根据产品规格尺寸，由中心向两侧固定孔眼的距离，在横线上画好十字线，再画出上、下孔眼的位置。

2）将孔眼位置剔成 $\phi 10 \times 60mm$ 的孔眼，栽入 $\phi 6$ 螺栓。托起小便器挂在螺栓上。把胶垫、眼圈套入螺栓，将螺母拧至松紧适度。将小便器与墙面的缝隙嵌入白水泥浆补齐、抹光。

3. 立式小便器安装

1）立式小便器安装前应检查给水、排水预留管口是否在一条垂线上，间距是否一致。符合要求后按照管口找出中心线。

2）将下水管周围清理干净，取下临时管堵，抹好油灰，在立式小便器下铺垫水泥、白灰膏的混合灰（比例为1∶5）。将立式小便器稳装找平、找正。立式小便器与墙面、地面缝隙嵌入白水泥浆抹平、抹光。

三、大便器安装

1. 实际案例展示

2. 蹲便器、高水箱安装

1）首先，将橡胶碗套在蹲便器进水口上，要套正、套实，用成品喉箍紧固，或用14号铜丝分别绑两道，严禁压接在一条线上，铜丝拧紧要错位90°左右。

2）将预留排水口周围清扫干净，把临时管堵取下，同时检查管内有无杂物。找出排水管口的中心线，并画在墙上。用水平尺（或线坠）找好竖线。

3）将下水管承口内抹上油灰，蹲便器位置下铺垫白灰膏，然后将蹲便器排水口插入排水管承口内稳好。同时用水平尺放在蹲便器上沿，纵横双向找平、找正。使蹲便器进水口对准墙上中心线。同时蹲便器两侧用砖砌好抹光，将蹲便器排水口与排水管承口接触处的油灰压实、抹光。最后将蹲便器的排水口用临时堵头封好。

4）稳装多联蹲便器时，应先检查排水管口的标高、甩口距墙的尺寸是否一致，找出标准地面标高，向上测量蹲便器需要的高度，用小线找平，找好墙面距离，然后按上述方法逐个进行稳装。

5）高水箱稳装：应在蹲便器稳装之后进行。首先检查蹲便器的中心与墙面中心线是否一致，如有错位应及时进行调整，以蹲便器不扭斜为准。确定水箱出水口的中心位置，向上测量出规定高度。同时结合高水箱固定孔与给水孔的距离找出固定螺栓高度位置，在墙上画好十字线，剔成 $\phi 30 \times 100$mm 深的孔眼，用水冲净孔眼内的杂物，将燕尾螺栓插入洞内用水泥捻牢。将装好配件的高水箱挂在固定螺栓上，加胶垫、眼圈，带好螺母拧至松紧适度。

6）多联高水箱应按上述做法先挂两端的水箱，然后拉线找平、找直，再稳装中间水箱。

3. 背水箱坐便器安装

1）将坐便器预留排水管口周围清理干净，取下临时管堵，检查管内有无杂物。

2）将坐便器出水口对准预留排水口放平找正，在坐便器两侧固定螺栓眼处画好印记后，移开坐便器，将印记画好十字线。

3）在十字线中心处剔 $\phi20 \times 60mm$ 的孔洞，把 $\phi10$ 螺栓插入孔洞内用水泥栽牢，将坐便器试稳装，使固定螺栓与坐便器吻合，移开坐便器。将坐便器排水口及排水管口周围抹上油灰后将坐便器对准螺栓放平、找正，螺栓上套好橡胶垫，带上眼圈、螺母拧至松紧适度。

4）坐便器无进水螺母的可采用橡胶碗的连接方法。

5）背水箱安装：对准坐便器尾部中心，在墙上画好垂直线，在距地平 800mm 高度画水平线。根据水箱背面固定孔眼的距离，在水平线上画好十字线剔 $\phi30 \times 70mm$ 深的孔洞，把带有燕尾的镀锌螺栓（规格 $\phi10 \times 100mm$）插入孔洞内，用水泥栽牢。将背水箱挂在螺栓上放平、找正。与坐便器中心对正，螺栓上套好橡胶垫，带上眼圈、螺母拧至松紧适度。

四、洗面器安装

（1）洗脸盆支架安装　应按照排水管口中心在墙面上画出竖线，由地面向上量出规定的高度，画出水平线，根据盆宽在水平线上画出支架位置的十字线。按印记剔成 $\phi30 \times 120mm$ 孔洞，将脸盆支架找平栽牢，再将脸盆置于支架上找平、找正。将架钩勾在盆下固定孔内，拧紧盆架的固定螺栓，找平找正。

（2）铸铁架洗脸盆安装　按上述方法找好十字线，按印记剔成 $\phi15 \times 70mm$ 的孔洞，栽好铅皮卷，采用 2½ 英寸螺钉将盆架固定于墙上。将活动架的固定螺栓松开，拉出活动架将架钩勾在盆下固定孔内，拧紧盆架的固定螺栓，找正、找平。

五、浴盆安装

1. 实际案例展示

2. 施工要点

1）浴盆稳装前应将浴盆内表面擦拭干净，同时检查瓷面是否完好。带腿的浴盆先将腿部的螺栓卸下，将拔销母插入浴盆底卧槽内，把腿扣在浴盆上带好螺母拧紧找平。浴盆如砌砖腿时，应配合土建施工把砖腿按标高砌好。将浴盆稳于砖台上，找平、找正。浴盆与砖腿缝隙外用1:3水泥砂浆填充抹平。

2）有饰面的浴盆，应留有通向浴盆排水口的检修门。

浴盆排水安装：将浴盆排水三通套在排水横管上，缠好油盘根绳，插入三通中口，拧紧锁母。三通下口装好铜管，插入排水预留管口内（铜管下端扳边）。将排水口圆盘下加胶垫、油灰，插入浴盆排水孔眼，外面再套胶垫、眼圈，螺纹处涂铅油、缠麻。用自制叉扳手卡住排水口十字筋，上入弯头内。

将溢水立管下端套上锁母，缠上油盘根绳，插入三通上口对准浴盆溢水孔，带上锁母。溢水管弯头处加1mm厚的胶垫、油灰，将浴盆堵螺栓穿过溢水孔花盘，上入弯头"一"字螺纹上，无松动即可，再将三通上口锁母拧至松紧适度。

浴盆排水三通出口和排水管接口处缠绕油盘根绳捻实，再用油灰封闭。

混合水嘴安装：将冷、热水管口找平、找正。把混合水嘴转向对丝抹铅油、缠麻丝，带好护口盘，用自制扳手插入转向对丝内，分别拧入冷、热水预留管口，校好尺寸，找平、找正。使护口盘紧贴墙面。然后将混合水嘴对正转向对丝，加垫后拧紧锁母找平、找正。用扳手拧至松紧适度。

水嘴安装：先将冷、热水预留管口用短管找平、找正。如暗装管道进墙较深者，应先量出短管尺寸，套好短管，使冷、热水嘴安完后距墙一致。将水嘴拧紧找正，除净外露麻丝。

第二节　卫生器具给水配件安装

一、卫生器具给水配件安装高度

卫生器具给水配件的安装高度如无设计要求时，应符合表4-3的规定。

表4-3　卫生器具给水配件的安装高度

项次	给水配件名称		配件中心距地面高度/mm	冷热水嘴距离/mm
1	架空式污水盆(池)水嘴		1000	
2	落地式污水盆(池)水嘴		800	
3	洗涤盆(池)水嘴		1000	150
4	住宅集中给水水嘴		1000	
5	洗手盆水嘴		1000	
6	洗脸盆	水嘴(上配水)	1000	150
		水嘴(下配水)	800	150
		角阀(下配水)	450	

（续）

项次		给水配件名称	配件中心距地面高度/mm	冷热水嘴距离/mm
7	盥洗槽	水嘴	1000	150
		冷热水管上下并行其中热水嘴	1100	150
8	浴盆	水嘴（上配水）	670	150
9	淋浴器	截止阀	1150	95
		混合阀	1150	
		淋浴器喷头下沿	2100	
10	蹲式大便器：从台阶面算起	高水箱角阀及截止阀	2040	
		低水箱角阀	250	
		手动式自闭冲洗阀	600	
		脚踏式自闭冲洗阀	150	
		拉管式冲洗阀（从地面算起）	1600	
		带防污助冲器阀门（从地面算起）	900	
11	坐式大便器	高水箱角阀及截止阀	2040	
		低水箱角阀	150	
12		大便器冲洗水箱截止阀（从台阶面算起）	≮2400	
13		立式小便器角阀	1130	
14		挂式小便器角阀及截止阀	1050	
15		小便槽多孔冲洗管	1100	
16		实验室化验水嘴	1000	
17		妇女卫生盆混合阀	360	

注：装设在幼儿园的洗手盆、洗脸盆和盥洗槽水嘴中心离地面安装高度应为700mm，其他卫生器具给水配件的安装高度，应按卫生器具实际尺寸相应减少。

二、卫生器具给水配件安装要求

1）卫生器具给水配件应完好无损伤，接口严密，启闭部分灵活。

2）卫生器具给水配件安装标高的允许偏差和检验方法应符合表4-4的规定。

表4-4 卫生器具给水配件安装标高的允许偏差和检验方法

项　次	项　　目	允许偏差/mm	检验方法
1	大便器高、低水箱角阀及截止阀	±10	尺量检查
2	水嘴	±10	
3	淋浴器喷头下沿	±15	
4	浴盆软管沐浴器挂钩	±20	

第三节　卫生器具排水配件安装

一、排水管道管径和坡度

连接卫生器具的排水管管径的最小坡度如设计无要求时，应符合表4-5的规定。

表4-5　连接卫生器具的排水管管径的最小坡度

项次	卫生器具名称		排水管管径/mm	管道的最小坡度(‰)
1	污水盆(池)		50	25
2	单、双格洗涤盆(池)		50	25
3	洗手盆、洗脸盆		32～50	20
4	浴盆		50	20
5	淋浴器		50	20
6	大便器	高、低水箱	100	12
		自闭式冲洗阀	100	12
		拉管式冲洗阀	100	12
7	小便器	手动、自闭式冲洗阀	40～50	20
		自动冲洗水箱	40～50	20
8	化验盆(无塞)		40～50	25
9	净身器		40、50	20
10	饮水器		20～50	10～20
11	家用洗衣机		50(软管为30)	

二、卫生器具与排水管道的连接

1)与排水横管连接的各卫生器具的受水口和立管均应采取妥善可靠固定措施,管道与楼板的接合部位应采取牢固可靠的防渗、防漏措施。

2)连接卫生器具的排水管道接口应紧密不漏,其固定支架、管卡等支撑位置应正确、牢固,与管道的接触应平整。

3)卫生器具排水管道安装的允许偏差和检验方法应符合表4-6的规定。

表4-6　卫生器具排水管道安装的允许偏差和检验方法

项次	检查项目		允许偏差/mm	检验方法
1	横管弯曲度	每1m长	2	用尺量检查
		横管长度≤10m,全长	<8	
		横管长度>10m,全长	10	
2	卫生器具的排水管口及横支管的纵横坐标	单独器具	10	用尺量检查
		成排器具	5	
3	卫生器具的接口标高	单独器具	±10	用尺量检查

第五章　室内采暖系统安装

一、管道安装

1. 实际案例展示

2. 热水采暖干管安装

1）按施工草图，进行管段的加工预制，包括：断管、套螺纹、上零件、调直、核对好尺寸，按环路分组编号，码放整齐。

2）安装卡架，按设计要求或规定间距安装。吊卡安装时，先把吊杆按坡向、顺序依次穿在型钢上，把管就位在托架上，把第一节管装好U形卡，然后安装第二节管，以后各节管均照此进行，紧固好螺栓。

3）干管安装应从进户或分支路点开始，装管前要检查管腔并清理干净。

4）管道穿过墙壁、楼板或过沟处，必须先穿好套管。

5）分路阀门离分路点不宜过远。如分路处是系统的最低点，必须在分路阀门前加泄水丝堵。集气罐的进出水口，应开在偏下约为罐高的1/3处。其放风管应稳固，如不稳可装两个卡子。集气罐位于系统末端时，应装托、吊卡。

6）安装补偿器时应在预制时按规范要求做好预拉伸，并做好记录。按位置固定，与管道连接好。安装波纹补偿器时应按要求位置安装好导向支架和固定支架。

7）管道安装完毕，检查坐标、标高、预留口位置和管道变径等是否正确，然后找直，用水平尺等校对复核坡度，调整合格后再调整吊卡螺栓、U形卡，使其松紧适度，平正一致，最后焊牢固定卡处的止动板。

8）摆正或安装好管道穿结构处的套管，填堵管洞口，预留口处应加临时管堵。

3. 热水采暖立管安装

1）核对各层预留孔位置是否垂直，吊线、安装支架。将预制好的管道按编号顺序运到安装地点。

2）安装前先卸下阀门盖。有钢套管的先穿到管上，按编号从第一节管开始安装。

3）检查立管的每个预留口标高、方向、半圆弯等是否准确、平正。将事先安装好的支架卡子松开，把管放入卡内拧紧螺栓，用吊杆、线坠从第一节管开始找好垂直度，扶正钢套管，最后填堵孔洞，预留口必须加好临时丝堵。

4. 热水采暖支管安装

1）检查散热器安装位置及立管预留口是否准确，量出支管尺寸和灯叉弯的大小。

2）配支管，按量出支管的尺寸，减去灯叉弯的量，然后断管、套螺纹、煨灯叉弯和调直。将灯叉弯两头抹铅油缠麻，装好活接头，连接散热器，把麻头清理干净。

3）暗装或半暗装的散热器，其灯叉弯必须与炉片槽墙角相适应，达到美观要求。

4）散热器支管长度超过1.5m时，应在支管上安装管卡。

5）用钢尺、水平尺、线坠核对支管的坡度和平行距墙尺寸，并复查立管及散热器有无移动。

6）立支管变径，不宜使用铸铁补心，应使用变径管箍或焊接大小头。

二、补偿器安装

1. 实际案例展示

2. 方形补偿器安装

1）方形补偿器在安装前，应检查补偿器是否符合设计要求，补偿器的三个臂是否在一个水平上。安装时用水平尺检查，调整支架，使方形补偿器位置标高正确，坡度符合规定。

2）安装补偿器应做好预拉伸，设计无要求时预拉伸长度为其伸长量的一半（伸长量计算公式见相关标准）。按位置固定好，然后再与管道连接。预拉伸方法可选用千斤顶将补偿器的两臂撑开或用拉管器进行冷拉。

3）预拉伸的焊口应选在距补偿弯曲起点 2～2.5m 处为宜，冷拉前应将固定支座牢固固定住，并对好预拉伸焊口处的间距。补偿器两端的直管段和连接管端两者间预留 1/4 的设计补偿量的间隙（另加上焊缝对口间隙）。

4）采用拉管器进行冷拉时，其操作方法是将拉管器的法兰管卡，紧紧卡在被预拉伸焊口的两端。穿在两个法兰管卡之间的几个双头长螺栓，作为调整及拉紧用。将预拉伸间隙对好并用短角钢在管口处贴焊，但只能焊在管道的一端，另一端用角钢卡住即可，然后拧紧螺栓使间隙靠拢，将焊口焊好后才可松开螺栓，取下拉管器，再进行另一侧的预拉伸，也可两侧同时冷拉。

按设计或规定的压力进行系统试压及冲洗，合格后办理验收手续，并将水泄净。

5）采用千斤顶顶撑时，将千斤顶横放置于补偿器的两臂间，加好支撑及垫块，然后启动千斤顶，使预拉伸焊口靠拢至要求的间隙。焊口找正，焊接完毕后方可撤除千斤顶。

6）水平安装时应与管道坡度、坡向一致。如其臂长方向垂直安装时，高点处应设放风阀，低点处应设疏水器。

7）弯制补偿器应用整根无缝钢管煨制，如需要接口，其焊口位置应设在垂直臂的中间位置，且接口必须焊接。

3. 套筒补偿器安装

1）套筒补偿器应安装在固定支架近旁，并将外套管一端朝向管道的固定支架，内套管一端与产生热膨胀的管道连接。

2）套筒补偿器的预拉伸长度应根据设计要求。预拉伸时，先将补偿器的填料压盖松开，将内套管拉出预拉伸的长度，然后再将填料压盖紧住。

3）套筒补偿器安装前，安装管道时应留出补偿器的安装位置，在管道两端各焊一片法兰盘，焊接时要求法兰垂直于管道中心线，法兰与补偿器表面相互平行，加垫后衬垫应受力均匀。

4）套筒补偿器的填料，应采用涂有石墨粉的石棉盘根或浸过机油的石棉绳，压盖的松紧程度在试运行时进行调整，以不漏水、不漏气，内套管又能伸缩自如为宜。

5）为保证补偿器的正常工作，安装时必须保证管道和补偿器中心线一致，并在补偿器前设置 1～2 个导向滑动支架。

6）套筒补偿器要注意经常检修和更换填料，以保证封口严密。

4. 波纹补偿器安装

1）波纹补偿器的波节数量可根据需要确定，一般为 1～4 个，每个波节的补偿能力由设计确定，一般为 20mm。

2）安装前应了解补偿器出厂前是否已做预拉伸，如未进行应补做。在固定的卡架上，将补偿器的一端用螺栓紧固，另一端可用倒链卡住法兰，然后慢慢按预拉伸长度进行冷拉。冷拉时要使补偿器四周受力均匀，拉出规定长度后用支架把补偿器固定好。将拉好的补偿器与管道连接。

3）补偿器安装前管道两侧应先安装固定卡架。安装管道时应留出补偿器的安装位置，在管道两端各焊一片法兰盘。焊接时要求法兰垂直于管道中心线，法兰与补偿器表面相互平行，加垫后衬垫应受力均匀。

4）补偿器安装时，卡架不得吊在波节上。试压时不得超压，不允许侧向受力，将其固定牢固。

5）波形补偿器如需加大壁厚，内套筒的一端与波形补偿器的壁焊接。安装时应注意使介质的流向从焊端流向自由端，并与管道的坡度方向一致。

6）在管段两个固定管架之间，不要安装一个以上的轴向型补偿器。固定管架和导向管架的分布符合如下要求：

① 第一导向管架与补偿器端部的距离不超过 4 倍管径。

② 第二导向管架与第一导向管架的距离不超过 4 倍管径。

③ 第二导向管架以外的最大导向间距由设计确定。

三、散热器安装

1. 实际案例展示

2. 施工要点

1）按施工图分段分层分规格统计出散热器的组数、每组片数，列成表以便组对和安装时使用。

2）各种型号的铸铁柱形散热器组对：

① 组对前要备有散热器组对架子或根据散热器规格用 100mm × 100mm 平放在地上，楔四个铁桩用钢丝绑牢加固，做成临时支架，以保持外观清洁和不损伤表面涂料。

② 组对散热器垫片应使用成品，组对后垫片外露不应大于 1mm。散热器垫片材质当设计无要求时，应采用耐热橡胶，其厚度不超过 1.5mm，用机油随用随浸。

③ 将散热器内部污物倒净，用钢刷子除净对口及内丝处的铁锈，正扣朝上，依次码放。

④ 按统计表的数量规格进行组对。组对散热器片前，做好螺纹的选试。

⑤ 组对时应两人一组摆好第一片，拧上对丝一扣，套上垫片，将第二片反扣对准对丝，找正后两人各用一手扶住炉片，另一手将对丝钥匙插入对丝内径顺转，使两端入扣，同时缓

缓均衡拧紧，依次逐片组对至所需的片数为止。

⑥ 将组成的散热器慢慢立起，用人工或车运至集中地点。

3）外拉条预制、安装。

① 根据散热器的片数和长度，计算出外拉条的长度尺寸，切断 $\phi 8 \sim \phi 10$ 的圆钢并进行调直，两端收头套好螺纹，将螺母上好，除锈后刷防锈漆一遍。

② 20 片及以上的散热器加外拉条，在每根外拉条端头套好一个骑码，从散热器上下两端外柱内穿入四根拉条，每根再套上一个骑码带上螺母。找直后用扳手均匀拧紧，螺纹外露不得超过一个螺母厚度。

4）组对好的散热器，进、出水安装，应符合如下要求：

① 圆翼形散热器两端为法兰连接，中间组对法兰和出水端法兰应用管底偏心法兰，进水端法兰应用管顶平偏心法兰。

② 钢制散热器为外螺纹钢管接头，可与支管或汽包阀门直接连接。

③ 其他型的铸铁散热器，进出口拧上补心，不用的口拧上堵头。

④ 散热器组对应平直紧密，组对后的平直度应符合表 5-1 规定。

表 5-1　组对后的散热器平直度允许偏差

项次	散热器类型	片数	允许偏差/mm
1	长翼形	2 ~ 4	4
		5 ~ 7	6
2	铸铁片式 钢制片式	3 ~ 15	4
		16 ~ 25	6

5）散热器水压试验。

① 散热器组对后，以及整组出厂的散热器在安装之前应做水压试验。试验压力如设计无要求时应为工作压力的 1.5 倍，但不得小于 0.6MPa。试验时间为 2 ~ 3min，压力不降且不渗不漏为合格。

② 将散热器抬到试压台上，上好临时丝堵和放气阀，连接试压泵。各种成组散热器可直接连接试压泵。

③ 试压时打开进水阀门，往散热器内充水，同时打开放气阀，排净空气，待水满后关闭放气阀。

④ 加压到规定的压力值时，关闭进水阀门，持续 2 ~ 3min，观察每个接口是否有渗漏，不渗漏为合格。

⑤ 如有渗漏用铅笔做出记号，将水放尽，卸下丝堵或炉补心，用长杆钥匙从散热器外部比试，量到漏水接口的长度，在钥匙杆上做标记，将钥匙从散热器对丝孔中伸入至标记处，按螺纹旋紧的方向拧动钥匙，使接口继续上紧或卸下这一片的上下对丝，检查对丝质量和密封面，找出原因修正后，更换对丝、垫片或坏散热器片，用长柄钥匙重新锁紧。钢制散热器如有砂眼渗漏可补焊。返修直到水压试验合格为止。

不能用的坏片要做明显标记（或用手锤将坏片砸一个明显的孔洞单独存放），防止再次混入好片中误组对。

⑥ 打开泄水阀门，拆掉临时丝堵和临时补心，泄净水后将散热器运到集中地点，补焊

处要补刷两道防锈漆。

6）散热器安装。

① 按设计图要求，利用所做的统计表将不同型号、规格和组对好并试压完毕的散热器运到各房间，根据安装位置及高度在墙上画出安装中心线。

② 托钩和固定卡安装：

A. 各种散热器的固定卡及托钩的形式、位置应符合标准图集或说明书的要求。各种散热器支架、托架数量，应符合设计或产品说明书要求。如设计无注明时，则应符合表5-2规定。

表 5-2　散热器支架、托架数量

项次	散热器形式	安装方式	每组片数	上部托钩或卡架数	下部托钩或卡架数	合计
1	长翼形	挂墙	2～4	1	2	3
			5	2	2	4
			6	2	3	5
			7	2	4	6
2	柱形柱翼形	挂墙	3～8	1	2	3
			9～12	1	3	4
			13～16	2	4	6
			17～20	2	5	7
			21～25	2	6	8
3	柱形柱翼形	带足落地	3～8	1	—	1
			9～12	1	—	1
			13～16	2	—	2
			17～20	2	—	2
			21～25	2	—	2

B. 柱形带腿散热器固定卡安装。从地面到散热器总高度的3/4画水平线，与散热器中心线交点画印记，此为15片以下的双数片散热器的固定卡位置。单数片向一侧错过半片。16片以上者应栽两个固定卡，高度仍在散热器3/4高度的水平线上，从散热器两端各进去4～6片的地方栽入。

C. 挂装柱形散热器固定卡安装。托钩高度应按设计要求并从散热器的距地高度上返45mm画水平线。托钩水平位置采用画线尺来确定，画线尺横担上刻有散热片的刻度。画线时应根据片数及托钩数量分布的相应位置，画出托钩安装位置的中心线，挂装散热器的固定卡高度从托钩中心上返散热器总高度的3/4画水平线，其位置与安装数量同带腿片安装。

D. 用錾子或冲击钻等在墙上按画出的位置打孔洞。固定卡孔洞的深度不少于80mm，托钩孔洞的深度不少于120mm，现浇混凝土墙的深度为100mm（使用膨胀螺栓应按膨胀螺栓的要求深度）。

E. 用水冲净洞内杂物，填入M20水泥砂浆到深洞的一半时，将固定卡、托钩插入洞内，塞紧，用画线尺或近φ70管放在托钩上，用水平尺找平找正，填满砂浆抹平。

F. 用同样的方法将各组散热器全部卡子、托钩栽好。成排托钩卡子需将两端钩、卡栽好，定点拉线，然后再将中间钩、卡按线依次栽好。

G. 圆翼形、长翼形及辐射对流散热器安装方法同柱形散热器。

H. 每组钢制闭式串片形散热器及钢制板式散热器在四角上焊带孔的钢板支架，而后将散热器固定在墙上的固定支架上。固定支架的位置按设计高度和各种钢制串片及板式散热器的具体尺寸分别确定。安装方法同柱形散热器。

I. 在混凝土预制墙板上可以先下埋件，再焊托钩与固定架；在轻质板墙上，钩卡应用穿通螺栓加垫圈固定在墙上。

③ 散热器安装。

A. 散热器安装高度应一致，底部距地大于或等于150mm。当散热器下部有管道通过时，距地高度可提高，但顶部必须低于窗台50mm。

B. 散热器安装时，散热器背面与装饰后墙内表面距离应符合设计或产品说明书要求，如设计无注明应为30mm。

C. 将柱形散热器（包括铸铁和钢制）和辐射对流散热器的炉堵和炉补心抹油，加垫片后拧紧。

D. 带腿散热器稳装。炉补心正扣一侧朝着立管方向，将固定卡里边螺母上至距离符合要求的位置，套上两块夹板，固定在里柱上，带上外螺母，把散热器推到固定的位置，再把固定卡的两块夹板横过来放平正，用自制管扳子拧紧螺母到一定程度后，将散热器找直、找正，垫牢后上紧螺母。

E. 将挂装柱形散热器和辐射对流散热器轻轻抬起放在托钩上立直，将固定卡摆正拧紧。

F. 圆翼形散热器安装。将组装好的散热器抬起，轻放在手钩上找直找正。多排串联时，先将法兰临时上好，然后量出尺寸，配管连接。

G. 圆翼形散热器水平安装时，纵翼应竖向安装，支托架处的纵翼应用钢锯整齐锯切掉。长翼形和圆翼形散热器安装时，翼面应朝墙、朝下安装。

H. 钢制闭式串片式和钢制板式散热器抬起挂在固定支架上，带上垫圈和螺母，紧到一定程度后找平找正，再拧紧到位。

I. 散热器安装的允许偏差和检验方法，应符合表5-3规定。

表5-3　散热器安装的允许偏差和检验方法

项次	项　　目	允许偏差/mm	检验方法
1	散热器背面与墙内表面距离	3	尺量
2	与窗中心线或设计定位尺寸	20	尺量
3	散热器垂直度	3	吊线和尺量

7）散热器放气阀的安装，应符合如下要求：

① 按设计要求，将需要钻放气阀眼的炉堵放在台钻上打 $\phi 8.4$ 的孔，在台虎钳上用1/8英寸丝锥攻丝。

② 将炉堵抹好铅油，加好垫片，在散热器上用管钳子上紧。在放风阀螺纹上抹铅油，缠少许麻丝，拧在炉堵上，用扳手上到松紧适度，放风孔向外斜45°（宜在综合试压前安装）。

③ 钢制串片式散热器、扁管板式散热器按设计要求统计需打放风阀的散热器数量，在加工订货时提出要求，由厂家负责做好。

④ 钢制板式散热器的放气阀采用专用放气阀水口堵头，订货时提出要求。

⑤ 圆翼形散热器放气阀安装，按设计要求在法兰上打放气阀孔眼，做法同炉堵上装放风阀。

四、金属辐射板制作与安装

1）辐射板的安装可采用现场安装或预制装配两种方法。块状辐射板宜采用预制装配法，每块辐射板的支管上可先配制法兰盘，以便连接管道。加长辐射板可采用分段安装。

2）辐射板管道及带状辐射板之间的连接，应使用法兰连接，以方便拆卸和检修。

3）水平安装：板面朝下，热量向下侧辐射。辐射板应有不小于5‰的坡度坡向回水管，其作用在于：对于热媒为热水的系统，可以很快排除空气；对于蒸汽，可以顺利地排除凝结水。

4）倾斜安装：倾斜安装在墙上或柱间，倾斜一定角度向斜下方辐射。安装时必须注意选择好合适的确定的倾斜角度，一般应保证辐射板中心的法线穿过工作区。

5）垂直安装：板面水平辐射。垂直安装在墙上、柱子上或两柱之间。安装在墙上、柱上的，应采用单面辐射板，向室内一面辐射；安装在两柱之间的空隙处时，可采用双面辐射板，向两面辐射。

6）辐射板用于全面采暖，如设计无要求，最低安装高度应符合表5-4的规定。

表5-4　辐射板最低安装高度　　　　　　　　　　　　　　（单位：m）

热媒平均温度 /℃	水平安装		倾斜安装与垂直面形成角度			垂直安装 （板中心）
	多管	单管	60°	45°	30°	
115	3.2	2.8	2.8	2.6	2.5	2.3
125	3.4	3.0	3.0	2.8	2.6	2.5

五、地板辐射采暖安装

1. 实际案例展示

2. 安装准备

1）加热管敷设前，应对照施工图样核定加热管的选型、管径、壁厚。安装人员应熟悉管材的一般性能，掌握基本操作要点，严禁盲目施工。

2）加热管安装前，应检查外观质量，管内部不得有杂质。

3）绝热层直接与土壤接触或有潮湿气体侵入的地面，在铺设绝热层之前应先铺一层防潮层。铺设在潮湿房间（如卫生间、厨房和游泳池等）内的楼板上时，填充层以上应做防水层。辐射采暖地板的基本构造见表5-5。

表5-5　辐射采暖地板的基本构造

序号	构造层名称				说　　明
1	地面层				包括地面装饰层及其保护层
2	防水层	—	—	防水层	仅在楼层潮湿房间地面设（如厨房、卫生间等）
3	填充层				卵石混凝土
4	加热管				
5	隔热层				
6	防潮层			—	仅在地面层土壤上设
7	土壤			楼板	

3. 清理基面

在铺设贴有铝箔的自熄型聚苯乙烯保温板之前，将地面清扫干净，不得有凹凸不平的地面，不得有砂石碎块、钢筋头等。

4. 绝热层铺设

1）土壤防潮层上部、住宅楼板上部及其下为不采暖房间的楼板上部的地板加热管之下，以及辐射采暖地板沿外墙的周边，应铺设隔热层。

绝热层采用聚苯乙烯泡沫塑料板时，厚度不宜小于下列要求（当采用其他绝热材料时，宜按等效热阻确定其厚度）：

楼板上部：30mm（住宅受层高限制时不应小于20mm）；土壤上部：40mm；沿外墙周边：20mm。

2）铺设绝热层的地面应平整、干燥、无杂物。墙面根部应平直，且无积灰现象。

3）绝热层的铺设应平整，绝热层相互接合应严密。

当敷有真空镀铝聚酯薄膜或玻璃布基铝箔贴面层时，铝箔面朝上。当钢筋、电线管、散热器支架、加热管固定卡钉或其他管道穿过时，只允许垂直穿过，不准斜插，其插口处用胶带封贴严实、牢固，不得有其他破损。

4）绝热层铺设结合处应无缝隙，绝热层厚度允许偏差 + 10mm。

5. 加热管安装

1）同一热媒集配装置系统各分支路的加热管长度宜尽量接近，并不宜超过120m。不同房间和住宅的各主要房间，宜分别设置分支路。

2）加热管的间距，不宜大于300mm。应根据房间的热工特性和保证温度均匀的原则，分别采用旋转形、往复形或直列形等布管方式。

3）按设计图样的要求，进行放线并配管。同一通路的加热管应保持水平。

4）埋设于填充层内的加热管不应有接头。如不可避免，应设置在便于揭盖或补漏操作的地方。

5）加热管安装时应防止管道扭曲。弯曲管道时，圆弧的顶部应加以限制，并用管卡固定，不得出现"死折"。塑料及铝塑复合管的弯曲半径不宜小于6倍管外径，铜管的弯曲半径不宜小于5倍管外径。

6）在分水器、集水器附近以及其他局部加热管排列比较密集的部位，当管间距小于100mm时，加热管外部应采取设置柔性套管等措施。

7）加热管出地面至分水器、集水器连接处，弯管部分不宜露出地面装饰层。加热管出地面至分水器、集水器下部球阀接口之间的明装管段，外部应加装塑料套管。套管应高出装饰面150～200mm。

8）加热管与分水器、集水器连接，应采用卡套式、卡压式挤压夹紧连接。连接件材料宜为铜质，铜质连接件与PP-R或PP-B直接接触的表面必须镀镍。

9）加热管的环路布置不宜穿越填充层内的伸缩缝。必须穿越时，伸缩缝处应设长度不小于200mm的柔性套管。

10）伸缩缝的设置应符合下列规定：

① 在内外墙、柱等垂直构件交接处应留不间断的伸缩缝。伸缩缝填充材料应采用搭接方式连接，搭接宽度不应小于10mm；伸缩缝填充材料与墙、柱应有可靠的固定措施，与地面绝热层连接应紧密，伸缩缝宽度不宜小于10mm。伸缩缝填充材料宜采用高发泡聚乙烯泡沫塑料。

② 当地面面积超过30m² 或边长超过6m时，应按不大于6m间距设置伸缩缝，伸缩缝宽度不应小于8mm。伸缩缝宜采用高发泡聚乙烯泡沫塑料或伸缩缝内满填弹性膨胀膏。

③ 伸缩缝应从绝热层的上边缘做到填充层的上边缘。

11）加热管切割，应采用专用工具，切口应平整，断口面应垂直管轴线。

12）凡是加热管穿地面伸缩缝处，一律用膨胀条将地面分隔开来，加热管在此均须加伸缩节。伸缩缝须由土建专业先行划分，相互配合协调一致。

13）加热管应设固定装置，可采用下列方法之一固定：

① 用固定卡将加热管直接固定在绝热板或敷有复合面层的绝热板上。

② 用扎带将加热管固定在铺设于绝热层上的网格上。

③ 直接卡在铺设于绝热层表面的专用管架或管卡上。

④ 直接固定于绝热层表面凸起间形成的凹槽内。

14）加热管弯头两端宜设固定卡。加热管固定点的间距，直管段固定点间距宜为 0.5 ~ 0.7m，弯曲管段固定点间距宜为 0.2 ~ 0.3m。

15）管道安装工程施工技术要求及允许偏差应符合表 5-6 的规定。

表 5-6　管道安装工程施工技术要求及允许偏差

序号	项　目	条　件	技术要求	允许偏差/mm
1	加热管安装	间距	不宜大于 300mm	±10
2	加热管弯曲半径	塑料管及铝塑管	不小于 6 倍管外径	-5
		铜管	不小于 5 倍管外径	-5
3	加热管固定点间距	直管	不大于 700mm	±10
		弯管	不大于 300mm	

16）施工验收后，发现加热管损坏需要增设接头时，应先报建设单位或监理工程师，提出书面补救方案，经批准后方可实施。增设接头时，应根据加热管的材质，采用热熔或电熔插接式连接，或卡套式、卡压式铜质管接头连接，并应做好密封。铜管宜采用机械连接或焊接连接。无论采用何种接头，均应在竣工图上表示，并记录归档。

6. 分水器、集水器的安装

1）分水器、集水器宜在开始铺设加热管之前进行安装。水平安装时，宜将分水器安装在上，集水器安装在下，中心距宜为 200mm，允许偏差为 ±10mm。集水器中心距地面不应小于 300mm。

2）地板辐射采暖系统应有独立的分水器、集水器，并应符合下列要求：

① 每一集配装置的分支路不宜多于 8 个，住宅每户至少应设置一套集配装置。

② 集配装置的直径应大于总供回水管径。

③ 集配装置应高于地板加热管，并配置排气阀。

④ 总供回水管和每一供回水分支路，均应配置截止阀或球阀。

⑤ 总供水管阀的内侧应设置过滤器。

3）阀门、分水器、集水器组件安装前，应做强度和严密性试验。试验应在每批数量中抽查 10%，且不得少于一个。对安装在分水器进口、集水器出口及旁通管上的阀门，应逐个做强度和严密性试验，合格后方可使用。

4）阀门的强度试验压力应为工作压力的 1.5 倍；严密性试验压力应为工作压力的 1.1 倍，公称直径不大于 50mm 的阀门强度和严密性试验持续时间应为 15s，其间压力应保持不变，且壳体、填料及密封面应无渗漏。

第六章　室外给水管网安装

第一节　给水管道安装

一、下管

1. 实际案例展示

2. 施工要点

1) 复测三通、阀门、消火栓位置及排尺定位的工作坑位置、尺寸是否适合。

2) 下第一根管。管中心必须对准定位中心线，找准管底标高（在水平板上挂水平线），管末端用方木垫顶在墙上或钉好点桩挡住、顶牢，严防打口时顶走管道。

3) 连续下管铺设时，必须保证管与管之间接口的环形空隙均匀一致。承插口与管中心线不垂直的管，管端外形不正的管道和按照设计曲线铺设的管道，其管道四周任何一点的间隙均应符合质量标准。

4) 阀门两端的甲乙短管，下沟前可在上面先接口，待牢固后再下沟。

5) 若须断管，须在管的下部垫好方木。管径在 75~350mm 的铸铁管，可直接用剁子（或钢锯）切断；管径在 400mm 以上时，先走大牙一周，再用剁子截断。剁管时，在切断部位先画好线，沿线边剁边转动管道，剁子始终在管的上方。预、自应力钢筋混凝土管和钢筋混凝土管不允许切断后再用。

6) 管径大于 500mm 的铸铁管切断时，可采用爆破断管法。先将片状黄色炸药研细过筛，装入不同直径的塑料管中，略加捣实。使用时，将药管一端封好，缠绕在管道须切断部位上，未封口的一端留出 10mm 长度，接上雷管或起爆药。爆破断管时，必须严格按规程操作起爆，用药量见表 6-1。

表 6-1 爆破断管有关数据

| 铸铁管直径 /mm | 壁厚/m | 装药塑料管规格 | | TNT 装药量/g | TNT 粒度/m | 起爆雷管 |
		内径/mm	长度/m			
500	14.0	12	1.8	165～170	<0.2	工业 8 号
600	15.4	12	2.15	200～205	<0.2	工业 8 号
700	16.5	14	2.50	380～390	<0.6	工业 8 号
800	18.0	16	2.90	560～570	<0.6	工业 8 号
900	19.5	20	3.30	790～830	<0.6	工业 8 号

7）铸铁管稳好后，在靠近管道两端处填土覆盖，两侧夯实，并应随即用稍粗于接口间隙的干净麻绳将接口塞严，以防泥土及杂物进入。

二、管道对口和调直稳固

1. 实际案例展示

2. 施工要点

1）管道接口连接方式主要有铸铁给水管石棉水泥接口、膨胀水泥接口、氯化钙石膏水泥接口、青铅接口、胶圈接口、钢管焊接接口、镀锌钢管螺纹连接、法兰接口、塑料管粘接接口等，参见本书第一章相关规定。

2）管道的坐标、标高、坡度应符合设计要求，管道安装的允许偏差和检验方法应符合表6-2的规定。

表6-2　室外给水管道安装的允许偏差和检验方法

项次	项　　　　目			允许偏差/mm	检验方法
1	坐标	铸铁管	埋地	100	拉线和尺量检查
			敷设在地沟内	50	
		钢管、塑料管、复合管	埋地	100	
			敷设沟槽内或架空	40	
2	标高	铸铁管	埋地	±50	拉线和尺量检查
			敷设在地沟内	±30	
		钢管、塑料管、复合管	埋地	±50	
			敷设沟槽内或架空	±30	
3	水平管纵横向弯曲	铸铁管	直段（25m以上）起点—终点	40	拉线和尺量检查
		钢管、塑料管、复合管	直段（25m以上）起点—终点	30	

第二节　室外消火栓安装

1. 实际案例展示

2. 室外消火栓安装

1）严格检查消火栓的各处开关是否灵活、严密、吻合，所配带的附属设备配件是否齐全。

2）地下式消火栓的顶部出水口与消防井盖底面的距离不得大于400mm，井内应有足够的操作空间，并设爬梯。

3）室外地下消火栓应砌筑消火栓井，室外地上消火栓应砌筑消火栓闸门井。在高级和一般路面上，井盖上表面同路面相平，允许偏差±5mm；无正规路时，井盖高出室外设计标高50mm，并应在井口周围以0.02的坡度向外做护坡。

4）室外地下消火栓与主管连接的三通或弯头下部带座和无座的，均应先稳固在混凝土支墩上，管下皮距井底不应小于0.2m，消火栓顶部距井盖底面，不应大于0.4m，如果超过0.4m应增加短管，如图6-1所示。

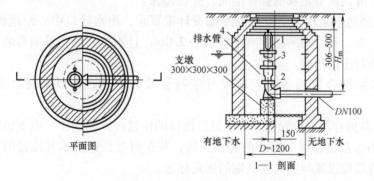

图6-1　室外地下消火栓安装结构图

1—消火栓　2—弯头底座　3—法兰接管　4—圆形阀门井

5）按标准有关技术要求，进行法兰闸阀、双法兰短管及水龙带接扣安装，接出的直管高于1m时，应加固定卡子一道，井盖上铸有明显的"消火栓"字样。

6）室外消火栓地上安装时，一般距地面高度为640mm，首先应将消火栓下部的弯头带底座安装在混凝土支墩上，安装应稳固。

7）安装消火栓开闭闸门，两者距离不应超过2.5m。

8）地下消火栓安装时，如设置闸门井，必须将消火栓自身的放水口堵死，在井内另设放水门。

9）按标准有关要求，进行消火栓闸门短管、消火栓法兰短管、带法兰闸门的安装。

10）使用的闸门井井盖上应有消火栓字样。

11）墙壁式室外消火栓如设计未要求，出水栓口中心安装高度距地面应为1.10mm，其上方应设有防坠落物打击的措施。

12）管道穿过井壁、墙壁处，应根据情况采取不同的套管，保证严密不漏水。

13）室外消火栓的各项安装尺寸应符合设计要求，栓口安装高度允许偏差为±20mm。

14）消火栓的位置标志应明显，栓口的位置应方便操作。

3. 消防水泵接合器安装

1）水泵接合器应安装在接近主楼的一侧，安装在便于消防车接近的人行道或非机动车行驶地段，附近40m以内有可取水的室外消火栓或储水池。

2）水泵接合器按管径分为DN100、DN150两种，按安装位置分为地下式、地上式、墙壁式三类，并有相应的标准图集供使用。

3）一套水泵接合器包括以下配件：法兰接管、闸阀、法兰三通、法兰安全阀、法兰止回阀、法兰弯管（带底座）、法兰弯管（不带底座—用于墙壁式）、接合器本体、消防接口。其中法兰接管出厂长度为340mm，施工时应根据水泵接合器栓口安装中心标高与地面标高确定，不可一概而论。

4）消防水泵接合器的安全阀及止回阀安装位置和方向应正确，阀门启闭应灵活。安全阀出口压力应校准。

5）地下式水泵接合器的顶部进水口与消防井盖底面的距离不得大于400mm，且不应小于井盖的半径。井内应有足够的操作空间，并设爬梯。

6）墙壁式消防水泵接合器安装高度如设计未要求，出水栓口中心距地面应为1.10m，与墙面上的门、窗、孔、洞的净距离不应小于2.0m，且不应安装在玻璃幕墙下方。其上方应设有防坠落物打击的措施。

7）消防水泵接合器的各项安装尺寸应符合设计要求，栓口安装高度允许偏差为±20mm。

8）消防水泵接合器的位置标志应明显，栓口的位置应方便操作。地下消防水泵接合器应用铸有"消防水泵接合器"标志的铸铁井盖，并在附近设置指示其位置的固定标志；地上消防水泵接合器应设置与消火栓区别的固定标志。

第三节　管沟及井室

1. 管道线路测量、定位

1）测量之前先找好当地准确的永久性水准点。在测量过程中，沿管道线路应设临时水准点，并与固定水准点相连。

2）临时水准点设在稳固和僻静之处，尽量选择永久性建筑物，距沟边大于10m。其精确度不应低于Ⅲ级，在居住区外的压力管道则不低于Ⅳ级。水准点闭合差不大于4mm/km。

3）测定出管道线路的中心线和转弯处的角度，使其与当地固定的建筑物（房屋、树木、构筑物等）相连。

4）若管道线路与地下原有构筑物有交叉，必须在地面上用特别标志表明其位置。

5）定线测量过程应做好准确记录、标记，并记明全部水准点和连接线。

6）根据管底标高，垫砂厚度，计算确定管沟沟底标高，每隔3m做好标记。

7）根据设计要求，计算出管沟上口及沟底的宽度。

8）绘制管沟尺寸图，据此在下管前验收管沟。确定堆土、堆料、运料、下管的区间或位置。

9）给水管道坐标和标高偏差应符合表6-2规定。从测量定位起，就应控制偏差值。

10）给水管道与污水管道在不同标高平行铺设，其垂直距离在500mm以内时，给水管道管径等于或小于200mm的，管壁间距不得小于1.5m；管径大于200mm的，间距不得小于3m。

2. 降水、排水

对低于地下水的管沟或有大量地面水、雨水灌入沟内或因不慎折断沟内原有给水排水管道造成沟内积水，均需组织排除积水。挖土应从沟底标高最低端开始。

1）掌握地下原有各类管道的分布状况及介质。

2）掌握水文地质资料，分别采用管沟集水井（图6-2）、井点法（图6-3，图6-4）等措施，进行排水。

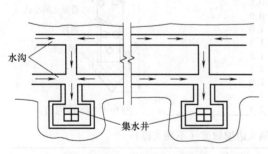

图6-2　管沟集水井法排水示意图

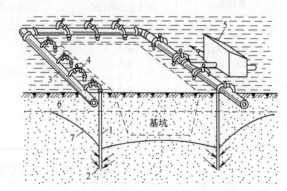

图6-3　轻型井点法降低地下水位全貌图
1—井点管　2—滤管　3—总管　4—弯联管
5—水泵房　6—原有地下水位线　7—降低后地下水位

3）可将排水沟设在中段，挖至近沟底时再设在一侧或两侧排水。

4）沟底深度低于地下水位不超过400mm，且沟槽为砂质黏土时，可在沟两侧挖沟排除积水。

5）布置集水井按表6-3设置。将积水引进集水井后，用水泵抽走。一般情况下，集水井进口宽为1~1.2m。沟帮用较密的支撑或板桩进行加固。集水井内侧与槽底边的距离，即进水口的长度规定如下：黏土1m，粉质黏土2m，粗砂4m，细砂6m。

表 6-3　集水井间距　　　　　　　　　　　（单位：m）

土 质 类 别	地下水距沟底高度		
	2m 以下	2~4m	4m 以上
黏土、粉质黏土、砂质粉土	160~180	140~160	120~140
粉砂、细砂	30~150	100~120	80~100
中砂、粗砂、砾砂	100~120	60~80	30~40

6）若为砂土层，可在沟内或沟边埋设排水管、滤管，用泵抽出地下水排走，即称为轻型井点法，见表 6-4。

表 6-4　各种井点的适用范围

井 点 类 别	渗透系数/(m/d)	降低水位深度/m
单层轻型井点	0.1~50	3~6
多层轻型井点	0.1~50	6~12

3. 沟槽开挖

1）测量、放线已完成，可开挖沟槽。首先按设计标高确定沟槽开挖深度。

2）当设计未确定时，沟底宽可按表 6-5 确定。

3）确定沟槽开挖坡度。为了防止塌方，沟槽开挖后应留有一定的边坡，边坡的大小与土质和沟深有关。当设计无规定时，深度在 5m 以内的沟槽，最大边坡应符合表 6-6 的规定。

表 6-5　管沟底宽尺寸表

管径/mm	埋设深度在 1.5m 以内的沟底宽度/m	
	铸铁管、钢管或石棉水泥管	混凝土管、钢筋混凝土管或预应力钢筋混凝土管
50~70	0.6	0.8
100~200	0.7	0.9
200~250	0.8	1.0
300~450	1.0	1.3
500~600	1.3	1.5
700~800	1.6	1.8
900~1000	1.8	2.0
1100~1200	2.0	2.3
1300~2400	2.2	2.6

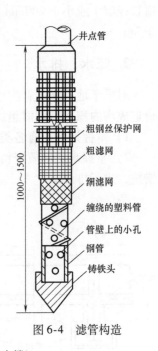

图 6-4　滤管构造

（图中标注：井点管、粗钢丝保护网、粗滤网、细滤网、缠绕的塑料管、管壁上的小孔、钢管、铸铁头，1000~1500）

表 6-6　深度在 5m 以内的沟槽最大边坡坡度（不加支撑）

土 名 称	边 坡 坡 度		
	人工挖土并将土抛于沟边上	机 械 挖 土	
		在沟底挖土	在沟上挖土
砂　　土	1:1.00	1:0.75	1:1.00
砂质粉土	1:0.67	1:0.50	1:0.75
粉质黏土	1:0.50	1:0.33	1:0.75
粒　　土	1:0.33	1:0.25	1:0.67
含砾石、卵石	1:0.67	1:0.50	1:0.75
泥炭岩白土	1:0.33	1:0.25	1:0.67
干 黄 土	1:0.25	1:0.10	1:0.33

注：1. 如人工挖土不把土抛于沟槽上边而是随时运走，即可采用机械在沟底挖土的坡度。

2. 表中砂土不包括细砂和松砂。

3. 在个别情况下，如有足够依据或采用多种挖土机，均可不受本表的限制。

4. 距离沟边 0.8m 内，不应堆积弃土和材料，弃土堆置高度不超过 1.5m。

4）根据沟深、边坡和沟底宽计算而得上口宽。

5）按设计图样要求及测量定位的中心线，依据沟槽上口宽，撒好灰线。

6）按人数和最佳操作面划分段，沿灰线直接切出沟槽边轮廓线，按照从深到浅的顺序进行开挖。人工开槽时，宜将槽上部混杂土与槽下部良质土分开堆放，以便回填用。

7）一、二类土可按300mm分层逐层开挖，倒退踏步型挖掘，三、四类土先用镐翻松，再按300mm左右分层正向开挖。

8）挖深超过2m时，要留边坡。在遇有不同的土层断面变化处可做成折线形边坡或加支撑处理。

9）每挖一层清底一次，挖深1m切坡成型一次，并同时抄平，在边坡上打好水平控制小木桩。

10）挖土开槽时严格控制基底高程，基底设计标高以上0.2～0.3m的原状土用人工清理，此时测量一次标高。待下道工序进行前，按找平的沟槽木桩挖平。如果局部超挖或发生扰动，须先清除松动土壤，再换填粒径10～15mm天然级配的砂石料或中、粗砂并夯实。

11）铺设管道前，应按规定进行排尺，并将沟槽底清理到设计标高，按表6-7规定挖好工作坑。

表6-7　工作坑尺寸　　　　　　　　　　　　　（单位：m）

		75～125	150	200	250	300	350	400	500	600	700	800	900	1000
接口工作坑	承口前	0.6	0.6	0.6	0.6	0.8	0.8	0.80	0.8	0.9	0.9	0.9	0.9	0.9
	承口后	0.2	0.2	0.2	0.25	0.25	0.25	0.25	0.25	0.3	0.3	0.3	0.3	0.3
	合计	0.8	0.8	0.8	0.8	1.05	1.05	1.05	1.05	1.2	1.2	1.2	1.2	1.2
	深（管下皮）	0.25	0.25	0.3	0.3	0.3	0.3	0.3	0.3	0.35	0.35	0.35	0.35	0.4
	下底宽	0.6	0.6	0.8	0.8	0.9	0.9	1.4	1.5	1.6	1.7	1.8	1.9	2.0

12）人工清理后，管沟底层应是原土层，或是夯实的回填土，沟底应平整，坡度应顺畅，不得有尖硬的物体、块石等。

13）如沟基为岩石、不易消除的块石或砾石层时，沟底应下挖100～200mm，填铺细砂或粒径不大于5mm的细土，夯实到沟底标高后，方可进行管道敷设。

14）在管沟开挖过程中，如发现地下文物，应及时与公安和文物鉴定部门取得联系，同时用黄色警戒带将现场隔开，以免文物遭到破坏。如发现地下管道、电缆或通信设施等应及时与业主及有关部门取得联系，以便统筹解决。

15）挖沟过程中易导致的质量通病如下：

① 沟底长时间敞露：施工图、材料和机具均已齐全，方可挖沟。挖沟后及时进行下道工序。

② 沟底局部超挖：挖沟过程中，随时严格检查和控制沟底标高。遇有超挖时，必须采取补救技术措施。

③ 管道下沉：沟槽开挖时，要注意排除雨水与地下水，不要带水接口。管基要坐落在原土或夯实的土上，管道基础达到强度后方可下管。

4. 管道基础施工

1）管沟验收合格，标高、坐标无误即可进行管基施工。

2）挖沟时沟底的自然土层被扰动，必须换以碎石或砂垫层。被扰动土为砂性或砂砾土时，铺设垫层前先夯实；黏性土则须换土后再铺碎石砂垫层。事先须将积水或泥浆清除出去。

3）基础在施工前，清除浮土层、碎石铺填后夯实至设计标高。

4）铺垫层后浇灌混凝土，从检查井开始，完成后可进行管沟的基础浇灌。

5）砂浆、混凝土的施工应遵照相关土建施工技术标准执行。

5. 井室砌筑

1）本部分仅从给水排水及采暖工程出发进行讲述，井室砌筑施工还应遵照相关土建施工技术标准执行。

2）井室的砌筑应按设计或给定的标准图施工。井室的底标高在地下水位以上时，基层应为素土夯实；在地下水位以下时，基层应打100mm厚的混凝土底板。砌筑应采用水泥砂浆，内表面抹灰后应严密不透水。

3）井室砌筑时管道与检查井的连接，采用刚性接口。管道穿过井壁处，应用水泥砂浆分两次填塞严密、抹平，不得渗漏。在施工时要求井与管之间用1:2.5水泥砂浆接合密实，该部分井壁砌砖要求错缝上旋。

4）重型铸铁或混凝土井圈，不得直接放在井室的砖墙上，砖墙上应做不少于80mm厚的细石混凝土垫层。

5）设在通车路面下或小区道路下的各种井室，必须使用重型井圈和井盖，井盖上表面应与路面相平，允许偏差±5mm。绿化带上和不通车的地方可采用轻型井圈和井盖，井盖的上表面应高出地坪50mm，并在井口周围以2%的坡度向外做水泥砂浆护坡。

6）各类井室的井盖应符合设计要求，应有明显的文字标识，各种井盖不得混用。

6. 回填土

1）水压试验合格、办理隐蔽验收后，方可进行土方回填。

2）回填土前，将沟槽内软泥、木料等杂物清理干净。回填土时，不得回填积泥、有机物。回填土中不应有石块及其他杂硬物体。

3）回填土过程中，不允许带水回填，槽内应无积水。如果雨期施工排水困难时，可采取随下管随回填的措施。为防止漂管，先回填到管顶一倍管径以上的高度。

4）回填土先从管底与基础结合部位开始，沿管腔两侧同时对称分层回填并夯实，每层回填高度宜为0.15～0.20m。地下水位以下若是砂土，可用水撼砂进行回填。

5）管顶上部200mm以内应用砂子或无块石及冻土块的土，人工回填，严禁采用机械回填。

6）管顶上部500mm以内不得回填直径大于100mm的块石和冻土块；500mm以上部分回填土中的石块或冻土块不得集中。上部用机械回填时，机械不得在管沟上行走。

7）管道位于车行道下时，当铺设后立即修筑路面或管道位于软土地层以及低注、沼泽、地下水位高的地段时，沟槽回填应先用中、粗砂将管底腋角部位填充密实，然后用中、粗砂或石屑分层回填到管顶以上0.4m，再往上可回填良质土。

8）沟槽如有支撑，随同填土逐步拆下。横撑板的沟槽，先拆撑后填土，自下而上拆除支撑。若用直撑板或板桩时，可在填土过半以后再拔出，拔出后立即灌砂充实。如因拆除支撑时不安全，可保留支撑。

9）雨后填土要测定土壤含水量，如超过规定不可回填。槽内有水则须排除后，符合规定方可回填。

10）雨期填土时，应随填随夯，防止夯实前遇雨。填土高度不能高于检查井。

11）冬期填土时，混凝土强度达到设计强度50%后准许填土。当年或次年修建的高级路面及管道胸腔部分不能回填冻土。填土高出地面200~300mm，作为预留沉降量。

12）回填土应达到设计规定的密实度。

13）路面下凹的质量通病防治措施：

① 回填土应按规定程序进行。

② 位于交通要道的部位，要采用特殊技术措施回填。一般可采用回填砂，然后用水撼砂法施工。

③ 管顶0.5m以下回填土，干密度不得低于$1.65t/m^3$；管顶0.5m以上的填土，应尽量采用机械夯实，若在当年铺路，干密度达到$1.6t/m^3$。

第七章 室外排水管网安装

第一节 排水管道安装

1. 实际案例展示

2. 下管

1）下管前应检查管道基础标高和中心线位置是否符合设计要求，基础混凝土强度达到设计强度的50%，且不小于5MPa时方可下管。

2）根据管径大小，现场的施工条件，分别采用压绳法、三脚架、木架漏大绳、大绳二绳挂钩法、倒链滑车下管法、起重机法等，如图7-1 图7-2、图7-3所示。

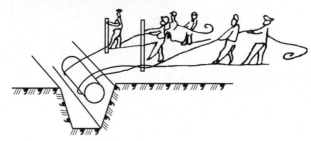

图7-1 下管方法示意图（一）

a) b)

图7-2 下管方法示意图（二）

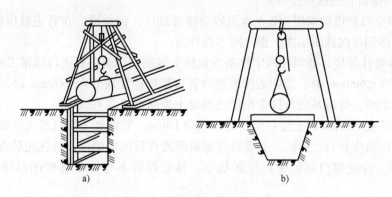

图 7-3　下管方法示意图（三）
a）利用滑车四脚架卸管道　b）卸管时枕木的安放

3）下管时宜从两个检查井的低端开始，若为承插管铺设时，以承口在前，承口迎向水流方向。

4）稳管前将管口内外全刷洗干净，管径在 600mm 以上的平口或承插管道接口，应留有10mm 缝隙；管径在 600mm 以下者，留出不小于 3mm 的对口缝隙。

5）下管后找正拨直，在撬杠下垫以木板，不可将撬杠直插在混凝土基础上。待两检查井间全部管道下完，检查坡度无误后即可接口。

6）使用套环接口时，稳好一根管道再安装一个套环。铺设小口径承插管时，稳好第一节管后，在承口下垫满灰浆，再将第二节管插入，挤入管内的灰浆应从里口抹平，扫净多余部分。继续用灰浆填满接口，打紧抹平。

7）排水管道的坡度必须符合设计要求，严禁无坡或倒坡。

8）管道的坐标和标高应符合设计要求，安装的允许偏差和检验方法应符合表 7-1 的规定。

表 7-1　室外排水管道安装的允许偏差和检验方法

项　次	项　　目		允许偏差/mm	检验方法
1	坐标	埋地	100	拉线尺量
		敷设在沟槽内	50	
2	标高	埋地	±20	用水平仪、拉线和尺量
		敷设在沟槽内	±20	
3	水平管道纵横向弯曲	每 5m 长	10	拉线尺量
		全长（两井间）	30	

9）待两检查井间的管道全部下完，对管道的设置位置、标高进行检查无误后，再进行管道接口处理。

3. 管道接口

（1）混凝土管道、钢筋混凝土管道接口　排水管道的接口形式有承插口、平口管道接口、套环接口及橡胶圈接口等。

1) 平口和企口管道抹带接口。

① 平口和企口管道均采用1:2.5水泥砂浆抹带接口。钢丝网应在管道就位前放入下方，抹压砂浆时应将钢丝网抹压牢固，钢丝网不得外露。

② 水泥砂浆抹带接口必须在八字枕基或包接头混凝土浇筑完后进行抹带工序。

③ 管径 $DN \leq 600mm$ 时，应刷去抹带部分管口浆皮；管径 $DN > 600mm$ 时，应将抹带部分的管口凿毛刷净，管道基础与抹带相接处混凝土表面也应凿毛刷净。

④ 管道直径在600mm以上接口时，对口缝留10mm。管端如不平以最大缝隙为准。接口时不应往管缝内填塞碎石、碎砖，必要时应塞麻绳或在管内加垫托，待抹完后再取出。

⑤ 抹带时，应使接口部位保持湿润状态。抹带厚度不得小于管壁的厚度，宽度宜为80~100mm。

⑥ 当管径小于或等于500mm时，抹带可一次完成；当管径大于500mm时，应分二次抹成，抹带不得有裂纹。先在接口部位抹上一层薄薄的素灰浆，并分两次抹压，第一层为全厚的1/3，抹完后在上面割画线槽使其表面粗糙，待初凝后再抹第二层，并赶光压实。抹好后，立即覆盖湿草袋并定时洒水养护，以防龟裂。

⑦ 抹带时，禁止在管上站人、行走或坐在管上操作。

2) 套环接口。接口一般采用石棉水泥作填充材料，接口缝隙处填充一圈油麻，如图7-4所示。

接口时，先检查管道的安装标高和中心位置是否符合设计要求，管道是否稳定。

稳好一根管道，立即套上一个预制钢筋混凝土套环，再稳好连接管。借用小木楔3~4块将缝垫匀，调节套环，使管道接口处于套环正中，套环与管外壁间的环形间隙应均匀。套环和管道的接合面用水冲刷干净，保持湿润。

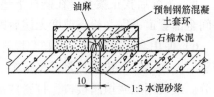

图 7-4 排水管预制套环接口

石棉灰的配合比（质量比）为：水:石棉:水泥 = 1:3:7。水泥强度等级应不低于32.5级，且不得采用膨胀水泥，以防套环胀裂。将油麻填入套环中心，把搅拌好的石棉灰用灰钎子自下而上填入套环缝内。

打灰口时，用钎子将灰自下而上地边填边塞，分层打紧。管径在600mm以上要做到四填十六打，前三次每填1/3打四遍。管径在500mm以下采用四填八打，每填一次打两遍。打好的灰口，较套环的边凹进2~3mm。填灰打口时，下面垫好塑料布，落在塑料布上的石棉灰，1h内可再用。

管径 $d > 700mm$ 的管道，对口处缝隙较大时，应在管内临时用草绳填塞，待打完外部灰口后，再取出内部草绳，用1:3水泥砂浆将内缝抹严。管内管外操作时间不应超过1h。

打完的灰口应立即用潮湿草袋盖好，1h后开始定期洒水养护2~3d。

采用套环接口的排水管道应先做接口，后做接口处混凝土基础。

敷设在地下水位以下且地基较差，可能产生不均匀沉陷地段的排水管，在用预制套环接口时，接口材料应采用沥青砂。沥青砂的配制及接口操作方法应按施工图样要求。

3) 承插管水泥砂浆接口或沥青接口。先将管道承口内壁及插口外壁刷净，涂冷底子油一道，在承口的1/2深度内，宜用油麻填严塞实，再填沥青油膏。沥青油膏的重量配合比为：6号石油沥青:重松节油:废机油:石棉灰:滑石粉＝100:11.1:44.5:77.5:119。调制时，先把沥青加热至120℃，加入其他材料搅拌均匀，然后加热至140℃即可使用。

采用水泥砂浆作为接口填塞材料时，一般用1:2水泥砂浆。施工时应将插口外壁及承口内壁刷净，在承口的1/2深度内，用油麻填严塞实，然后将搅拌好的水泥砂浆由下往上分层填入捣实，表面抹光后覆盖湿土或湿草袋养护。

敷设小口径承插管时，可在稳好第一节管段后，在下部承口上垫满灰浆，再将第二节管插入承口内稳好。挤入管内的灰浆用于抹平里口，多余的要清除干净。接口余下的部分应填灰打严或用砂浆抹严。

按上述程序将其余管段敷完。

4）橡胶圈接口。橡胶圈接口属柔性接口，可以抵抗振动和弯曲，抗应变性能好。接口填料采用橡胶圈，结构简单，施工方便，适用于土质较差，地基硬度不均匀，软土地基或地震地区。

① 橡胶圈接口的形式。排水管道所用橡胶圈依据管口形状不同而异，其形式见表7-2。

表7-2　排水管橡胶圈柔性接口形式

管 道 类 型	接 口 形 式	管 道 类 型	接 口 形 式
混凝土承插管	遇水膨胀橡胶圈	钢筋混凝土企口管	"q"形橡胶圈
钢筋混凝土承插管	"O"形橡胶圈	钢筋混凝土"F"形钢套环	齿形止水橡胶圈

② 承插式钢筋混凝土管"O"形橡胶圈接口，如图7-5所示。

A. 管道基础。钢筋混凝土承插管"O"形橡胶圈接口的管道基础应根据土质情况和降水效果选用。当槽底土基较好，基本上无扰动软化，易排除积水时，采用砾石砂基础，基础包括砾石砂、垫板和管枕。当槽底土质较差，不排除积水，且易扰动软化的地方，则采用C20混凝土基础，基础包括砾石砂垫层，C20混凝土管枕。以上两种基础的管座均为粗砂，中心包角为180°。但在市区主干道和重要道路，管道施工完后立即进行道路施工的工程，须用粗砂管座并回填至管顶以上500mm处。

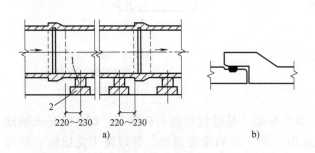

图7-5　承插式钢筋混凝土管的纵向布置及接口形式
a) 纵向布置　b) 接口形式
1—管枕　2—垫板

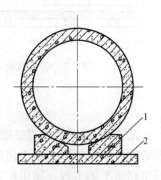

图7-6　承插式钢筋混凝土
管道基座
1—管枕　2—垫板

B. 管枕、垫板。管枕和垫板的主要作用是安管过程中便于稳管、做接口。承插式钢筋混凝土管道的垫板和管枕为钢筋混凝土结构，混凝土强度等级为C25，垫板厚50mm，宽

350mm，长依管径不同而异；管枕外高为 200mm，内高为 l00mm，$DN < 1000mm$ 时，宽为 120mm，$DN \geqslant 1000mm$ 时，宽为 150mm，$DN = 600 \sim 1200mm$ 时，长为 265 ~ 345mm。承插式钢筋混凝土管道基座如图 7-6 所示。

C. 对"O"形橡胶圈的具体要求：橡胶圈应耐酸、耐碱、耐油；橡胶圈可采用挤压法或浇筑法成型，并应硫化，橡胶圈搭接时应满足如下要求：搭接强度，在延伸 100% 情况下无明显分离；经弯曲试验，搭接的任何部位，无明显分离。

橡胶圈展开长度及允许偏差见表 7-3。

表 7-3　橡胶圈展开长度及允许偏差

管道直径/mm	600	800	1000	1200
展开长度/mm	1825	2385	2955	3504
允许偏差/mm	8	8	12	12

橡胶圈物理性能见表 7-4。

表 7-4　橡胶圈物理性能

邵氏硬度 （邵尔 A,度）	延伸率 （%）	拉伸强度 /MPa	伸长率 （%）	拉伸永久 变形（%）	拉伸强度 降低率（%）	吸水率 （%）	压缩永久 变形（%）	耐酸耐 碱系数
45	23	≥16	≥42	≤15	≤15	<8	≤20	≥0.8

橡胶圈不能与油类接触。橡胶圈应质地紧密，表面光滑平直，不得有空隙气泡。橡胶圈应在阴凉、清洁的环境下保存。

③ 企口式钢筋混凝土管"q"形橡胶圈接口。企口式钢筋混凝土管道的纵向布置和胶圈接口形式如图 7-7、图 7-8 所示。

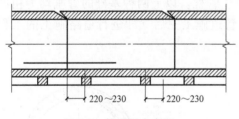

图 7-7　管道纵向布置

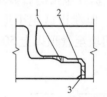

图 7-8　接口形式
1—"q"形橡胶圈　2—衬垫
3—1:2 水泥砂浆抹平

A. 管道基础。管道基础采用 C20 混凝土基础，基础包括砾石砂垫层，C20 混凝土基础和管枕。粗砂管座，中心包角 180°。但在市区主干道和重要道路，管道施工完后应立即进行道路施工的工程，须用粗砂管座并回填至管顶以上 500mm 处。

B. 管枕。管枕为钢筋混凝土结构，混凝土强度等级为 C25，外高 250mm，内高 100mm。$DN = 1350 \sim 1800mm$ 时，宽为 200mm；$DN = 2000 \sim 2400mm$ 时，宽为 250mm。

C. 对"q"形橡胶圈的具体要求。橡胶圈展开长度及允许偏差见表 7-5。

橡胶圈外形尺寸的允许偏差除上表所示外，其他尺寸允许偏差应小于 6%。

在环形的滑动部分内表面注有硅油薄层，空隙应贯通。

表 7-5　橡胶圈展开长度及允许偏差　　　　　（单位：mm）

管径	1350	1500	1650	1800	2000	2200	2400
橡胶圈展开长度	4120	4580	5040	5480	6085	6590	7155
允许偏差	±6				±10		
橡胶圈选用高度	20 号				24 号		

④ "F"形承口式钢筋混凝土管，分为"F-A"、"F-B"两种形式，如图7-9及图7-10所示。

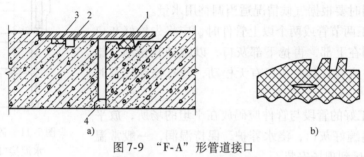

图 7-9　"F-A"形管道接口

a）接口形式　b）齿形橡胶圈断面

1—齿形橡胶圈　2—方钢　3—遇水膨胀橡胶圈　4—密封胶

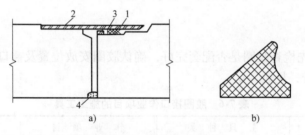

图 7-10　"F-B"形管道接口

a）接口　b）楔形胶圈断面

1—楔形橡胶圈　2—"F-B"形钢套环　3—钢环　4—密封胶

（2）铸铁排水管接口　室外排水铸铁管常用接口为石棉水泥接口、橡胶圈接口，青铅接口、膨胀水泥接口等不常用。接口操作工艺除以下介绍之外，还应参见标准相关要求。

1）石棉水泥接口。一般用于室内外铸铁排水管道的承插口连接，如图7-11所示。

① 承插口采用水泥捻口时，油麻必须清洁、填塞密实，水泥应捻入并密实饱满，其接口面凹入承口边缘的深度不得大于2mm。

② 为了减少捻固定灰口，对部分管材与管件可预先捻好灰口。捻灰口前应检查管材管件有无裂纹、砂眼等缺陷，并将管材与管件进行预排，校对尺寸有无差错，承插口的灰口环形缝隙是否合格。

③ 管材与管件连接可在临时固定架上进行，按图样要求将承口朝上、插口向下的方向插好。

④ 捻灰口时，先用麻钎将拧紧的比承插口环形缝隙稍粗一些的青麻或扎绑绳打进承口内，一般打两圈为宜（约为承口深度的1/3），青麻搭接处应大于30mm的长度，而后将麻打实，边打边找正、找直并将麻须捣平。

⑤ 将麻打好后，即可把捻口灰（石棉与水泥重量比1:9掺合在一起，搅匀后，用时喷洒其混合总重量的10%～12%的水）分层填入承口环形缝隙内。先用薄捻凿，一手填灰，一手用捻凿捣实，然后分层用手锤、捻凿打实，直到将灰口填满，用厚薄与承口环形缝隙大小相适应的捻凿将灰口打实打平，直至捻凿打在灰口上有回弹的感觉即为合格。

⑥ 拌和捻口灰，应随拌随用，拌好的灰应控制在1.5h内用完为宜，同时要根据气候情况适当调整用水量。

⑦ 预制加工两节管或两个以上管件时，应将先捻好灰口的管或管件排列在上部，再捻下部灰口，以减轻其振动。捻完最后一个灰口应检查其余灰口有无松动，若有松动应及时处理。

⑧ 预制加工好的管段与管件应码放在平坦的场所，放平垫实，用湿麻绳缠好灰口，浇水养护，保持湿润，一般常温48h后方可移动运到现场安装。

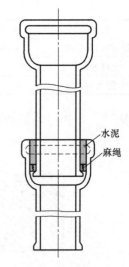

水泥
麻绳

图7-11　铸铁管石棉水泥接口示意图

⑨ 冬季严寒季节捻灰口应采取有效的防冻措施，拌灰用水可加适量盐水，捻好的灰口严禁受冻，存放环境温度应保持在5℃以上，有条件也可采取蒸汽养护。

2）橡胶圈接口。

① 连接前，应先检查胶圈是否配套完好，确认胶圈安放位置及插口应插入承口的深度。接口作业所用的工具，见表7-6。

表7-6　胶圈接口作业项目的施工工具

作 业 项 目	工 具 种 类	作 业 项 目	工 具 种 类
断　　管	手锯、万能笔、量尺	接　　口	挡板、撬棍、缆绳
清理工作面	棉纱、钢丝刷	安装检查	塞　尺
涂润滑剂	毛刷、润滑剂		

② 接口作业时，应先将承口（或插口）的内（或外）工作面用棉纱清理干净，不得有泥土等杂物，并在承口内工作面涂上润滑剂，然后立即将插口端的中心对准承口的中心轴线就位。

③ 插口插入承口时，可在管端部设置木挡板，用撬棍将被安装的管材沿着对准的轴线徐徐插入承口内，逐节依次安装。公称直径大于DN400的管道，可用缆绳系住管材用手动葫芦等提力工具安装。严禁采用施工机械强行推挤管道插入承口。

3）膨胀水泥接口。排水铸铁管连接中不宜采用，仅限于操作空间受限、抢修等情况。

（3）硬聚氯乙烯排水管接口

1）检查管材、管件质量。必须将插口外侧和承口内侧表面擦拭干净，被粘接面应保持清洁，不得有尘土水迹。表面有油污时，必须用棉纱蘸丙酮等清洁剂擦净。

2）对承口与插口粘接的紧密程度应进行验证。粘接前必须将两管试插一次，插入深度及松紧度配合应符合生产厂家产品要求，在插口端表面宜划出插入承口深度的标线。

3）在承插接头表面用毛刷涂上专用的胶粘剂，先涂承口内面，后涂插口外面，顺轴向由里向外涂抹均匀，不得漏涂或涂抹过量。

4）涂抹胶粘剂后，应立即找正对准轴线，将插口插入承口，用力推挤至所划标线。插入后将管旋转 1/4 圈，在 60s 时间内保持施加外力不变，并保持接口在正确位置。

5）插接完毕应及时将挤出接口的胶粘剂擦拭干净，静止固化。固化时间应符合生产胶粘剂厂的规定。

（4）石棉水泥管接口　石棉水泥管是由石棉及高强度等级的水泥制成，可用于输送盐卤、水等介质。工程中不常用。

连接时常用水泥套管连接。当套管内用石棉水泥接口时为刚性接口；当套管内用油麻、橡胶圈接口时为柔性接口。可参见混凝土管接口连接。

（5）陶土管（缸瓦管）安装　陶土管分带釉与不带釉两种，按厚度有普通管、厚管、特厚管三种，本身为承插式连接。质脆易破裂，适用于埋地敷设。因其耐腐蚀能力强，价格便宜，偏远地区及特殊工业厂房内还有使用。不应用于普通民用和工业给水排水工程中。

陶土管机械强度低、脆性大，安装时应使陶瓷管放置平稳，不使其局部受力。吊装时采用软吊索，不得使用铁链条或钢丝绳，移动搬运时轻拿轻放。

安装过程中，不得使用铁撬棍或其他坚硬工具碰击和锤击设备及管道的安装部位，不允许用火焰直接加热，以免局部爆裂损坏。如不能避免时，则应采取隔热措施。

与其他管道同时敷设时，应先敷设其他管道，然后敷设陶土管。敷设间距：与其他材质管道或装置交叉跨越时，陶土管安装在管道或设备的上方，两管壁间间距应不小于 200mm，必要时在陶土管外面加设保护罩。

陶土管不应敷设在走道或容易受到撞击的地面上，一般应采取地下敷设或架空敷设。先安装好管托、支架和底座，然后放上管道。

水平敷设时，在输送介质流动方向保持一定坡度，每根管道应有两根枕木或管墩支承。架空敷设离地坪或楼面不小于 2500mm。

垂直敷设时，管道垂直度偏差不大于 0.005。每根管道应由固定的管夹支撑，位置位于承口下方。

承插式接头：承口及插口处使用耐酸水泥、浸渍水玻璃的石棉绳及沥青等胶结材料。承口的内壁和插口的外壁上应刻有数条沟槽，用以增强胶结牢度。用于一般排水管时，陶土管采取承插连接，把水泥和砂浆按 1:1 的质量比拌成砂浆填塞接口即可。

套管式接头：用于调节管道长度，也可作为管道伸缩补偿器用。也有专供补偿陶土管因温度变化产生伸缩的伸缩补偿接头。

支架：应架设牢固。管卡与陶土管之间应垫以 3~5mm 厚的弹性衬垫，但不应将管道夹持过紧，使管道能做轴向运动。当管段有补偿器时，则允许将管道夹紧。

（6）雨期施工　应采取防止管材漂浮的措施。可先回填到管顶以上大于一倍管径的高度。当管道安装完毕尚未还土而遭到水泡时，应进行管中心线和管底高程复测和外观检查，如出现漂浮、拔口现象，应返工处理。

（7）冬期施工　应采取防冻措施，不得使用冻硬的橡胶圈。

第二节　排水管沟和井池

1. 实际案例展示

2. 施工要点

1) 管道与检查井的连接，应按设计图施工。当采用承插管件与检查井井壁连接时，承插管件应由生产厂家配套提供。

2) 管件或管材与砖砌或混凝土浇制的检查井连接，可采用中介层做法。即在管材或管件与井壁相接部位的外表面预先用聚氯乙烯胶粘剂、粗砂做成中介层，然后用水泥砂浆砌入检查井的井壁内（图7-12）。

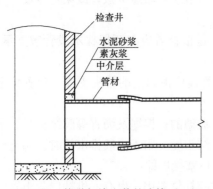

图7-12　管道与检查井的连接（一）

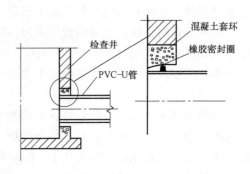

图7-13　管道与检查井的连接（二）

3) 当管道与检查井的连接采用柔性连接时，可用预制混凝土套环和橡胶密封圈接头（图7-13）。混凝土外套环应在管道安装前预制好，套环的内径按相应管径的承插口管材的承口内径尺寸确定。套环的混凝土强度等级应不低于 C20，最小壁厚不应小于 60mm，长度不应小于 240mm。套环内壁必须平滑，无孔洞、鼓包。混凝土外套环必须用水泥砂浆砌筑。在井壁内，其中心位置必须与管道轴线对准。安装时，可将橡胶圈先套在管材插口指定的部位与管端一起插入套环内。橡胶密封圈直径必须根据承插口间缝大小及管材外径确定。

4）预制混凝土检查井与管道连接的预留孔直径应大于管材或管件外径0.2m，在安装前预留孔环周表面应凿毛处理，连接构造宜按上述第2）条规定采用中介层方式。

5）检查井底板基底砂石垫层，应与管道基础垫层平缓顺接。管道位于软土地基或低洼、沼泽、地下水位高的地段

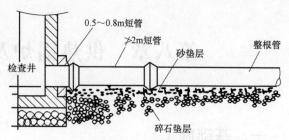

图7-14　软土地基上管道与检查井连接

时，检查井与管道的连接，宜先用长0.5～0.8m的短管（管道口应出井壁50～100mm）按上述第2）条或第3）条的要求与检查井连接，后面接一根或多根（根据地质条件确定）长度不大于2.0m的短管，然后再与上下游标准管长的管段连接（图7-14）。

第八章　供热锅炉及辅助设备安装

一、基础施工

1. 实际案例展示

2. 施工要点

1）锅炉房内清扫干净，将全部地脚螺栓孔内的杂物清出，并用皮风箱（皮老虎）吹扫。

2）根据锅炉房平面图和基础图放安装基准线：

① 锅炉纵向中心基准线。

② 锅炉炉排前轴基准线或锅炉前面板基准线，如有多台锅炉时应一次放出基准线。在安装不同型号的锅炉而上煤为一个系统时应保证煤斗中心在一条基准线上。

③ 炉排传动装置的纵横向中心基准线。

④ 省煤器纵、横向中心基准线。

⑤ 除尘器纵、横向中心基准线。

⑥ 送风机、引风机的纵、横向中心基准线。

⑦ 水泵、钠离子交换器纵、横向中心基准线。

⑧ 锅炉基础标高基准点，在锅炉基础上或基础四周选有关的若干地点分别做标记，各标记间的相对位移不应超过3mm。

3）当基础尺寸、位置不符合要求时，必须经过修正达到安装要求后再进行安装。

4）基础放线验收应有记录，并作为竣工资料归档。

5）整个基础平面要修整铲麻面，预留地脚螺栓孔内的杂物清理干净，以保证灌浆的质量。垫铁组位置要铲平，宜用砂轮机打磨，保证水平度不大于2mm/m，接触面积大于75%以上。

6）在基础平面上，划出垫铁布置位置，放置时按设备技术文件规定摆放。垫铁放置的原则是：负荷集中处，靠近地脚螺栓两侧，或是机座的立筋处。相临两垫铁组间距离一般为300～500mm，若设备安装图上有要求，应按设备安装图施工。垫铁的布置和摆放要做好记录，并经监理代表签字认可。

二、锅炉本体安装

1. 实际案例展示

2. 施工要点

1）锅炉水平运输。

① 运输前应先选好路线，确定锚点位置，稳好卷扬机，铺好道木。

② 用千斤顶将锅炉前端（先进锅炉房的一端）顶起放进滚杠，用卷扬机牵引前进，在前进过程中，随时倒滚杠和道木。道木必须高于锅炉基础，保护基础不受损坏。

2）当锅炉运到基础上以后，不撤滚杠先进行找正。应达到下列要求：

① 锅炉本体安装应按设计或产品说明书要求布置并坡向排污阀。

② 锅炉炉排前轴中心线应与基础前轴中心基准线相吻合，允许偏差 ±2mm。

③ 锅炉纵向中心线与基础纵向中心基准线相吻合，或锅炉支架纵向中心线与条形基础

纵向中心基准线相吻合，允许偏差 ±10mm。

3）撤出滚杠使锅炉就位

① 撤滚杠时用道木或木方将锅炉一端垫好。用两个千斤顶将锅炉的另一端顶起，撤出滚杠，落下千斤顶，使锅炉一端落在基础上。再用千斤顶将锅炉另一端顶起，撤出剩余的滚杠和木方，落下千斤顶使锅炉全部落到基础上。如不能直接落到基础上，应再垫木方逐步使锅炉平稳地落到基础上。

② 锅炉就位后应进行校正。用千斤顶校正，达到允许偏差以内。

4）锅炉找平及找标高

① 锅炉纵向找平。用水平尺（水平尺长度不小于 600mm）放在炉排的纵排面上，检查炉排面的纵向水平度。检查点最少为炉排前后两处。要求炉排面纵向应水平或炉排面略坡向炉膛后部。最大倾斜度不大于 10mm。

当锅炉纵向不平时，可用千斤顶将过低的一端顶起，在锅炉的支架下垫以适当厚度的钢板，使锅炉的水平度达到要求。垫铁的间距一般为 500～1000mm。

② 锅炉横向找平。用水平尺（长度不小于 600mm）放在炉排的横排面上，检查炉排面的横向水平度，检查点最少为炉排前后两处，炉排的横向倾斜度不得大于 5mm（炉排的横向倾斜过大会导致炉排跑偏）。

当炉排横向不平时，用千斤顶将锅炉一侧支架同时顶起，在支架下垫以适当厚度的钢板。垫铁的间距一般为 500～1000mm。

③ 锅炉标高确定：在锅炉进行纵、横向找平时同时兼顾标高的确定，标高允许偏差为 ±5mm。

5）炉底风室的密封要求

① 锅炉由炉底送风的风室及锅炉底座与基础之间必须用水泥砂浆堵严，并在支架的内侧与基础之间用水泥浆抹成斜坡。

② 锅炉支架的底座与基础之间的密封砖应砌筑严密，墙的两侧抹水泥砂浆。

③ 当锅炉安装完毕后，基础的预留孔洞，应砌好用水泥砂浆抹严。

6）排污装置安装

① 在锅筒和每组水冷壁的下集箱及后棚管的后集箱的最低处，应装排污阀；排污阀及排污管道不得采用螺纹连接。

② 蒸发量≥1t/h 或工作压力≥0.7MPa 的锅炉，排污管上应安装两个串联的排污阀。排污阀的公称直径为 20～65mm。卧式火管锅炉锅筒上排污阀直径不得小于 40mm。排污阀宜采用闸阀。

③ 每台锅炉应安装独立的排污管，要尽量少设弯头，接至排污膨胀箱或安全地点，保证排污畅通。

④ 几台锅炉的定期排污合用一个总排污管时，必须设有安全措施。

7）锅炉安装的坐标、标高、中心线垂直度的允许偏差和检验方法应符合表 8-1 的规定。

8）锅炉本体管道及管件焊接的焊缝质量应符合下列规定：

① 焊缝表面质量应符合下列规定：

焊缝外形尺寸应符合图样和工艺文件的规定，焊缝高度不得低于母材表面，焊缝与母材应圆滑过渡。焊缝及热影响区表面应无裂纹、未熔合、未焊透、夹渣、弧坑和气孔等缺陷。

表 8-1　锅炉安装的允许偏差和检验方法

项次	项　　目		允许偏差/mm	检 验 方 法
1	坐　　标		10	经纬仪、拉线和尺量
2	标　　高		±5	水准仪、拉线和尺量
3	中心线垂直度	卧式锅炉炉体全高	3	吊线和尺量
		立式锅炉炉体全高	4	吊线和尺量

② 无损探伤的检测结果应符合锅炉本体设计的相关要求。

9）非承压锅炉，应严格按设计或产品说明书的要求施工。锅筒顶部必须敞口或装设大气连通管，连通管上不得安装阀门。

10）以天然气为燃料的锅炉的天然气释放管或大气排放管不得直接通向大气，应通向储存或处理装置。

11）电动调节阀门的调节机构与电动执行机构的转臂应在同一平面内动作，传动部分应灵活、无空行程及卡阻现象，其行程及伺服时间应满足使用要求。

三、省煤器安装

1. 实际案例展示

2. 施工要点

1）整装锅炉的省煤器均为整体组件出厂，因而安装时比较简单。安装前要认真检查省煤器管周围嵌填的石棉绳是否严密牢固，外壳箱板是否平整，肋片有无损坏。铸铁省煤器破损的肋片数不应大于总肋片数的 5%，有破损肋片的根数不应大于总根数的 10%，符合要求后方可进行安装。

2）省煤器支架安装。

① 清理地脚螺栓孔，将孔内的杂物清理干净，并用水冲洗。

② 将支架上好地脚螺栓，放在清理好预留孔的基础上，然后调整支架的位置、标高和水平度。

③ 当烟道为现场制作时，支架可按基础图找平找正；当烟道为成品组件时，应等省煤

器就位后，按照实际烟道位置尺寸找平找正。

④ 铸铁省煤器支承架安装的允许偏差和检验方法应符合表8-2规定。

表8-2　铸铁省煤器支承架安装的允许偏差和检验方法

项次	项　目	允许偏差/mm	检　验　方　法
1	支承架的位置	3	经纬仪、拉线和尺量
2	支承架的标高	0 −5	水准仪、吊线和尺量
3	支承架的纵、横向水平度（每1m）	1	水平尺和塞尺检查

3）省煤器安装。

① 安装前应进行水压试验，试验压力为 $1.25P + 0.5\text{MPa}$（P 为锅炉工作压力；对蒸汽锅炉是指锅筒工作压力，对热水锅炉是指锅炉额定出水压力）。在试验压力下 10min 内压力降不超过 0.02MPa，然后降至工作压力进行检查，压力不降，无渗漏为合格，同时进行省煤器安全阀的调整。安全阀的开启压力应为省煤器工作压力的 1.1 倍，或为锅炉工作压力的 1.1 倍。

② 用三木搭或其他吊装设备将省煤器安装在支架上，并检查省煤器的进口位置、标高是否与锅炉烟气出口相符，以及两口的距离和螺栓孔是否相符。通过调整支架的位置和标高，达到烟道安装的要求。

③ 一切妥当后将省煤器下部槽钢与支架焊在一起。

4）浇筑混凝土。支架的位置和标高找好后浇筑混凝土，混凝土的强度等级应比基础强度等级高一级，并应捣实和养护（拌混凝土时宜用豆石）。

5）当混凝土强度达到75%以上时，将地脚螺栓拧紧。

6）省煤器的出口处或入口处应按设计或锅炉图样要求安装阀门或管道。在每组省煤器的最低处应设放水阀。

四、烟囱安装

1. 实际案例展示

2. 施工要点

1）每节烟囱之间用 $\phi10$ 石棉扭绳作垫料，安装解栓时螺母在上，连接要严密牢固，组装好的烟囱应基本成直线。

2）当烟囱超过周围建筑物时要安装避雷针。

3）在烟囱的适当高度处（无规定时为2/3处）安装拉紧绳，最少三根，互为120°。采用焊接或其他方法将拉紧绳的固定装置安装牢固。在拉紧绳距地面不少于3m处安装绝缘子，拉紧绳与地锚之间用花篮螺栓拉紧，锚点的位置应合理，应使拉紧绳与地面的斜角小于45°。

4）用吊装设备把烟囱吊装就位，用拉紧绳调整烟囱的垂直度，垂直度的要求为1/1000，全高不超过20mm，最后检查拉紧绳的松紧度，拧紧绳卡和基础螺栓。

5）两台或两台以上燃油锅炉共用一个烟囱时，每一台锅炉的烟道上均应配备风阀或挡板装置，并应具有操作调节和闭锁功能。

第九章 架空线路及杆上电气设备安装

第一节 架空线路安装

一、电杆埋设

1. 杆坑定位

1）架空配电线路的杆坑位置，应根据设计线路图已定的线路中心线和规定线路中心桩位进行测量放线定位。

2）基坑定位中心桩位置确定后，应按中心桩的标定位置辅助桩作为施工控制点，即为基坑定位的依据，见表9-1的规定。

表9-1 电杆基坑定位规定

电杆设置	辅 助 桩	允许偏差值
直线角杆 直线双杆 转角杆	在顺线路方向，中心桩（主桩）前后3m处各设置一辅助桩（副桩）	顺线路方向位移不应超过设计档距的5%，垂直线路方向不应超过50mm
	在顺线路方向，中心桩前后3～5m处各设置一辅助桩，在垂直于线路方向，中心桩左右大约5m处再各设一辅助桩	顺线路方向位移不应超过设计档距的5%，垂直线路方向不应超过50mm
	除中心桩前后各设一辅助桩外，并应在转角点的夹角平分线上内外侧各设一辅助桩	位移不应超过50mm

3）如线路沿已有的道路架设，则可根据该道路的距离和走向定杆位。当线路距离不长时，可采用标杆进行测位。这种方法是用三根标杆构成一条直线，逐步向前延伸测出杆位。

4）杆坑应采用经纬仪测量定位，逐点测出杆位后，随即在定位点处打入主、辅标桩，并在标桩上编号。应在转角杆、耐张杆、终端杆和加强杆的杆位的标桩上标明杆型，以便挖设拉线坑。

5）电杆埋设深度，应符合设计要求。如设计无要求时，应符合表9-2的规定。

表9-2 电杆埋设深度数值

杆长/m	8.0	9.0	10.0	11.0	12.0	13.0	15.0
埋深 h/m	1.7	1.8	1.9	2.0	2.1	2.3	2.5

6）杆坑复测定位。施工前必须对全线路的坑位进行一次复测，其目的是检查线路坑位的准确性，特别要检查转角坑的桩位、角度、距离、高差是否正确，以防止坑位移。经复测确定主杆基坑坑位标桩、拉线中心桩及其辅助桩的位置，并画出坑口尺寸。

2. 拉线坑定位

1）直线杆的拉线位置与线路中心线应平行或垂直。转角杆的拉线位于转角的平分角线上（杆受力的反方向）。拉线与杆的中心线夹角一般为45°，如受地形和建筑物的限制时其角度可减小到30°。

2）拉线坑与杆的水平距离 L 可按下述方法确定：拉线坑是沿杆受力的反方向，应以杆位为起点，测量出距离 L，在此定位点处钉上标桩，为拉线坑的中心位置。

$$L = (拉线高度 + 拉线坑深度) \times \tan\varphi \tag{9-1}$$

式中　φ——拉线与电杆中心线夹角；

　　　L——拉线坑与电杆中心线的水平距离。

注：1. 如 $\varphi = 45°$，$\tan\varphi = 1$

　　　则：$L = 拉线高度 + 拉线坑深度$

　　2. 因地形条件杆坑高于拉线坑，地形高差为 D 时：

$$L = (拉线高度 + 地形高差 D + 拉线坑深度) \times \tan\varphi$$

　　3. 因地形条件杆坑低于拉线坑，地形高差为 D 时：

$$L = (拉线高度 - 地形高差 D + 拉线坑深度) \times \tan\varphi$$

3）拉线坑的位置方向必须对准杆坑中心。拉线坑深度应根据拉线盘埋设深度而定，当设计无规定时，应按表9-3中数值确定。

表9-3　拉线盘埋设深度

拉线棒长度/m	拉线盘长×宽/mm	埋深/m	拉线棒长度/m	拉线盘长×宽/mm	埋深/m
2	500×300	1.3	1.3	800×600	2.1
2.5	600×400	1.6	1.6		

4）底盘。电杆有底盘时，坑底应保持水平。底盘安装允许偏差值应符合表9-4中数值的规定。

表9-4　底盘安装允许偏差值

项　　目	允许偏差/mm		项　　目	允许偏差/mm
单杆基坑深度	+100	-50	双杆底盘中心距离	≤30
双杆两基坑的相对高差	≤20			

5）卡盘。配电线路的电杆要受荷载、地势和土质影响，为满足杆基的稳定性，需设置卡盘对基础进行补强。卡盘设置应符合以下规定：

① 卡盘上口距地面不应小于500mm。

② 直线杆的卡盘应与线路平行，并应在线路电杆左、右侧交替埋设。

③ 承力杆的卡盘设置应埋设在承力的一侧。

3. 基坑开槽

1）杆坑有梯形和圆形两种。不带卡盘或底盘的杆坑，常规做法为圆形基坑，圆形坑土挖掘工作量小，对电杆的稳定性较好，可采用螺旋钻洞器、夹铲等工具进行挖掘。

2）底盘置于基坑底时，坑底表面应平整，双杆两底盘中心的根开误差不应超过30mm，两杆坑深度高差不应超过20mm。

3）梯形坑适用于杆身较高较重及带有卡盘的电杆，便于立杆。坑深在1.6m以下应放二步阶梯形基坑，坑深在1.8m以上可砌三步阶梯形基坑。

4）拉线坑的基底底面应垂直于拉线方向，深度应符合设计要求。

5）坑底处理：

① 坑底应铲平夯实。混凝土杆的坑底应设置底盘并应找正。

② 基土的持力层耐压力应大于0.2MPa，直线杆可不设置底盘。

③ 终端杆、转角杆在一般土层应设置底盘，或者采用岩石或碎石做基础，并应夯实。

④ 当土质松散、含沙量大以及地下水位高时，直线杆应设置底盘。

⑤ 一般情况下是在土质不好或在较陡斜坡上立杆时，为了减少电杆埋置深度应装设卡盘。卡盘设置的位置在距地面1/3埋置深处，直线杆的卡盘与线路平行。承力杆的卡盘埋设在承力侧。

4. 底盘安装

1）底盘重量小于300kg时，可采用人工作业。用撬棍将底盘撬入坑内，若地面土质松软时，应在地面铺设木板或平行木棍，然后将底盘撬入基坑内。底盘重量超过300kg时，可采用吊装方式将底盘就位。

2）底盘找正：单杆底盘找正方法为底盘入坑后，采用钢丝（20号或22号），在前后辅助桩中心点上连成一线，用钢尺在连线的钢丝上测出中心点，从中心点吊挂线锤，使线锤尖端对准底盘中心。如产生偏差应调整底盘，直到中心对准为止。然后用土将底盘四周填实，使底盘固定牢固。

3）拉线盘找正：拉线盘找正方法为拉线盘安装后，将拉线棒方向对准杆坑中心的标杆或已立好的电杆，使拉线棒与拉线盘垂直，如产生偏差应找正拉线盘垂直于拉线棒（或已立好的电杆），直到符合要求为止。拉线盘找正后，应按设计要求将拉线棒埋入规定角度槽内，填土夯实固定牢固。

5. 回填土

1）凡埋入地下金属件（镀锌件除外）在回填土前均应做防腐处理，防腐必须符合设计要求。

2）严禁采用冻土块及含有机物的杂土。

3）回填时应将结块干土打碎后方可回填，回填应选用干土。

4）回填土时每步（层）回填土500mm，经夯实后再回填下一步（上一层），松软土应增加夯实遍数，以确保回填土的密实度。

5）回填土夯实后应留有高出地坪300mm的防沉土台，在沥青路面或砌有水泥花砖的路面不留防沉土台。

6）在地下水位高的地域如有水流冲刷埋设的电杆时，应在电杆周围埋设立桩并以石块砌成水围子。

二、横担安装

1. 实际案例展示

2. 施工要点

1）横担组装前，用支架垫起杆身的上部，用尺量出横担安装位置，按装配工序套上抱箍、穿好垫铁及横担，垫好平光垫圈、弹簧垫圈，用螺母紧固。紧固时，要控制找平、找正，然后安装连接板、杆顶支座抱箍、拉线等。

2）横担组装应符合下列要求：

① 同杆架设的双回路或多回路线路，横担间的垂直距离不应小于表9-5所列数值。

表9-5　同杆架设线路横担间的最小垂直距离　　　　　　　　　　（单位：mm）

架设方式	直 线 杆	分支或转角杆
10kV 与 10kV	800	500
10kV 与 1kV 以下	1200	1000
1kV 以下与 1kV 以下	600	300

② 1kV 以下线路的导线排列方式可采用水平排列；电杆最大档距不大于 50m 时，导线间的水平距离为 400mm，但靠近电杆的两导线间的水平距离不应小于 500mm。

10kV 及以下线路的导线排列方式及线间距离应符合设计要求。

③ 横担的安装：当线路为多层排列时，自上而下的顺序为：高压、动力、照明、路灯；当线路为水平排列时，上层横担距杆顶不宜小于 200mm；直线杆的单横担应装于受电侧，90°转角杆及终端杆应装于拉线侧。

④ 螺栓的穿入方向一般为：水平顺线路方向，由送电侧穿入；垂直方向，由下向上穿入，开口销钉应从上向下穿。

⑤ 使用螺栓紧固时，均应装设垫圈、弹簧垫圈，且每端的垫圈不应多于 2 个。螺母紧固后，螺杆外露不应少于 2 扣，但最长不应大于 30mm，双螺母可平扣。

⑥ 用水泥砂浆将杆顶严密封堵。

⑦ 安装针式绝缘子，并清除表面灰垢、附着物及不应有的涂料。

三、电杆组立

1. 实际案例展示

2. 机械立杆

1）起重机就位后，按计划在杆上绑扎吊绳的部位挂上钢丝绳，吊索拴好缆风绳，挂好吊钩，在专人指挥下起吊就位。

2）起吊后杆顶部离地面1000mm左右时应停止起吊，检查各部件、绳扣等是否安全，确认无误后再继续起吊使杆就位。

3）电杆起立后，应立即调整好杆位，架上叉木，回填一步土，撤去吊钩及吊绳，然后用经纬仪和线坠调整杆身的垂直度及横担方向，再做回填土。填土500mm厚度夯实一次，夯填土方填到卡盘安装部位为止，最后撤去缆风绳及叉木。

4）杆位、杆身垂直度及横担方向应符合下列要求：

① 电杆组立位置应正确，桩身应垂直。允许偏差：直线杆横向位移不大于50m，杆梢偏移不大于杆梢直径的1/2，转角杆紧线后不向内角倾斜，向外角倾斜不大于1个杆梢直径。

② 直线杆单横担应装于受电侧，终端杆、转角杆的单横担装于拉线侧，允许偏差：横担的上下歪斜和左右扭斜，从横担端部测量均不大于20mm。

3. 人力立杆

绞磨就位。设置地锚钎子，用钢丝绳将绞磨与打好的地锚钎子连接好，再组装滑轮组，穿好钢丝绳，立人字抱杆。按计算杆的适当部位牵挂钢丝绳，拴好缆风绳及前后控制横绳，挂好吊钩，在专人指挥下起吊就位。

4. 卡盘安装

1）将卡盘放在杆位，核实卡盘埋设标高及坑深，将坑底找平并夯实。

2）将卡盘放入坑内，穿上抱箍，垫好垫圈，用螺母紧固验收合格后方可回填土。

3）卡盘安装应符合以下要求：

① 卡盘上口距地面不应小于350mm。

② 直线杆卡盘应与线路平行，应在线杆左右侧交替埋设。

③ 转角杆应分为上、下两层埋设在受力侧，终端杆卡盘应埋设在承力侧。

5. 钢筋混凝土电杆组合

1）钢圈焊口上的油脂、铁锈、泥垢等应清理洁净，焊接时遵照《钢结构工程施工质量验收规范》（GB 50205）有关规定。

2）分段钢筋混凝土电杆组对，应按钢圈对齐找正，中间应留2～5mm的焊口缝隙。其错口不应大于2mm。

3）焊口符合要求后，先点焊3～4处，然后对称交叉施焊。

4）钢圈厚度大于6mm时，应开V形坡口采用多层焊接，焊接中应特别注意焊缝接头和收口质量，多层焊缝的接头应错开，收口时应将熔池填满。

5）电杆的钢圈焊接接头应按设计要求进行防腐处理。

6）电杆焊接组合质量应符合以下要求：

① 焊完后的电杆弯曲度不得超过对应长度的2/1000。

② 焊缝表面应有一定的加强面，不应有裂纹、夹渣、气孔等，咬边深度不应大于0.5mm。

四、拉线安装

1. 实际案例展示

2. 施工要点

1）拉线盘的埋设深度和方向盘，应符合设计要求。拉线棒与拉线盘应垂直，连接处应采用双螺母，其外露地面部分的长度应为500～700mm。拉线坑应有斜坡，回填土时应将土打碎后夯实。拉线坑宜设防沉层。

2）拉线安装应符合下列规定：

① 安装后对地平面夹角与设计值的允许偏差，应符合下列规定：

A. 架空电力线路不应大于3°。

B. 特殊地段应符合设计要求。

② 承力拉线应与线路方向的中心线对正；分角拉线应与线路分角线方向对正；防风拉线应与线路方向垂直。

③ 跨越道路的拉线，应满足设计要求，且对通车路面边缘的垂直距离不应小于5m。

④ 当采用UT型线夹及楔形线夹固定时，应符合下列规定：

A. 安装前螺纹上应涂润滑剂。

B. 线夹舌板与拉线接触应紧密，受力后无滑动现象，线夹凸肚在尾线侧，安装时不应损伤线股。

C. 拉线弯曲部分不应有明显松股，拉线断头处与拉线主线应固定牢靠，线夹处露出尾线长度为300~500mm，尾线回头后与本线应扎牢。

D. 当同一组拉线使用双线夹并采用连板时，其尾线端部方向应统一。

E. UT型线夹或花篮螺栓的螺杆应露扣，并应有不小于1/2螺杆螺纹长度可供调紧，调整后，UT型线夹的双螺母应并紧，花篮螺栓应封固。

⑤ 当采用绑扎固定安装时，应符合下列规定：

A. 拉线两端应设置心形环。

B. 钢绞线拉线，应采用直径不大于3.2mm的镀锌钢线绑扎固定。绑扎应整齐、紧密，最小缠绕长度应符合表9-6的规定：

表9-6　最小缠绕长度

钢绞线截面面积/mm²	最小缠绕长度/mm				
	上段	中段有绝缘子的两端	与拉棒连接处		
			下　缠	花　缠	上　缠
2.5	200	200	150	250	80
3.5	250	250	200	250	80
5.0	300	300	250	250	80

⑥ 采用拉线柱拉线的安装应符合下列规定：

A. 拉线柱的埋设深度，当设计无要求时，采用坠线的，不应小于拉线柱长的1/6；采用无坠线的，应按其受力情况确定。

B. 拉线柱应向张力反方向倾斜10°~20°。

C. 坠线与拉线夹角不应小于30°。

D. 坠线上端固定点的位置距拉线柱顶端的距离应为250mm。

E. 坠线采用镀锌钢线绑扎固定时，最小缠绕长度应符合表9-6的规定。

⑦ 当一基电杆上装设多条拉线时，各条拉线的受力应一致。

⑧ 采用镀锌钢线合股组成的拉线，其股数不应少于3股。镀锌钢线的单股不应小于4.0mm，绞合应均匀，受力相等，不应出现抽筋现象。

⑨ 合股组成的镀锌钢线的拉线，可采用直径不小于3.2mm镀锌钢线绑扎固定，绑扎应整齐紧密，缠绕长度为：5股及以下者，上端：200mm；中端有绝缘子的两端：200mm；下

缠 150mm，花缠 250mm，上缠 100mm。当合股组成的镀锌钢线拉线采用自身缠绕固定时，缠绕应整齐紧密，缠绕长度；3 股线不应小于 80mm，5 股线不应小于 150mm。

⑩ 混凝土电杆的拉线当装设绝缘子时，在断拉线情况下，拉线绝缘子距地面不应小于 2.5m。

⑪ 顶（撑）杆的安装，应符合下列规定：

A. 顶杆底部埋深不宜小于 0.5m，且设有防沉措施。

B. 与主杆之间夹角应满足设计要求，允许偏差为 ±50mm。

C. 与主杆连接应紧密、牢固。

五、导线架设

1. 实际案例展示

2. 放线

1）按线路长度和导线的长度计算好每盘导线就位的杆位或就位差，首先，做好线盘就位，然后，从线路首端（紧线处），用放线架架好线轴，沿着线路方向把导线从盘上放开。

2）常规导线施放有两种方法：一种是将导线沿杆根部放开后，再将导线吊上电杆；另一种是在横担上装好开口滑轮，施放导线时，逐档将导线吊放在滑轮内施放导线。

3）施放导线前，应沿线路清除障碍物，石砾地区应垫草垫等隔离物，以免损伤导线。当布线需跨越道路、河流时，应搭跨越架，并应专人监管通过的车辆、船只，以防发生事故。

4）施放的导线吊升上杆时，每档之间的导线尽量避免接头，必须有接头时，接头应符合下列要求：

① 同一档距内，同一根导线上的接头不得超过一个。

② 导线接头位置与导线固定处的距离应大于 0.5m，有防振装置者应在防振装置以外。

③ 线路跨越各种设施时，档距内的导线不应有接头。

④ 不同金属、不同规格、不同绞向的导线严禁在档距内连接。

5）导线连接可使用与导线配套的钳压管压接，且应符合下列要求：

① 导线连接前应清除表面污垢，清除长度应为连接部分的两倍，导线表面及钳压管内壁均应涂刷电力复合脂。

② 钳压后导线端头露出长度，不应小于 20mm，导线端头绑线不应拆除。

③ 压接后的套管不应有裂纹，弯曲度不应大于管长的 2%，弯曲度大于 2% 时应校直。套管两端附近的导线不应有灯笼、抽筋等现象。

④ 导线钳压压口数及压后尺寸，应符合表 9-7 的规定。

⑤ 压接后，套管两端出口处、合缝处及外露部分应涂刷油漆。

3. 紧线

1）对耐张杆、转角杆和终端杆的已做完的拉线，应做全部检查，达到设计要求功能后（必要时还设临时拉线），方可进行下道工序。

2）在线路末端将导线卡固在耐张线夹上或绑回头挂在蝶式绝缘子上。裸铝导线在蝶式绝缘子上做耐张且采用绑扎方式固定时，绑扎长度应符合表 9-8 的规定。

3）铝绞线和钢芯铝绞线的紧线方法是先将导线通过滑轮组，用人力初步拉紧，然后用紧线器紧线。紧线时，应同时收紧，使横担两侧的导线受力均匀一致，以免横担受力不均而产生歪斜。

4）导线紧固后，弛度的误差不应超过设计弛度的 ±5%，同一档内各条导线弛度应一致；水平排列的导线，高低差应不大于 50mm。导线弛度要求见表 9-9 的规定。

表 9-7　钳压压口数及压后尺寸

导线型号		压口数	压后尺寸 D/mm	钳压部位尺寸/mm		
				a_1	a_2	a_3
铝绞线	LJ-16	6	10.5	28	20	34
	LJ-25	6	12.5	32	20	36
	LJ-35	6	14.0	36	25	43
	LJ-50	8	16.5	40	25	45
	LJ-70	8	19.5	44	28	50
	LJ-95	10	23.0	48	32	56
	LJ-120	10	26.0	52	33	59
	LJ-150	10	30.0	56	34	62
	LJ-185	10	33.5	60	35	65
	LJ-16/3	12	12.5	28	14	28

（续）

导线型号		压口数	压后尺寸 D/mm	钳压部位尺寸/mm		
				a_1	a_2	a_3
钢芯铝绞线	LJ-25/4	14	14.5	32	15	31
	LJ-35/6	14	17.5	34	42.5	93.5
	LJ-50/8	16	20.5	38	48.5	105.5
	LJ-70/10	16	25.0	46	54.5	123.5
	LJ-95/20	20	29.0	54	61.5	142.5
	LJ-120/20	24	33.0	62	67.5	160.5
	LJ-150/20	24	36.0	64	70	166
	LJ-185/20	26	39.0	66	74.5	173.5
	LJ-240/30	28	43.0	62	68.5	161.5

表 9-8　绑扎长度

导线截面/mm	绑扎长度/mm
LJ-50，LGJ-50 及以下	>150
LJ-70	>200

5）导线对地距离及交叉跨越要求：

① 导线与地面的距离，在导线最大弛度时，不应小于表 9-10 中所列数值。

② 配电线路与允许跨越的建筑物的垂直距离，在导线最大弛度时，1～10kV 线路不应小于 3m，1kV 以下线路不应小于 2.5m。

表 9-9　架空导线弛度要求　　　　　　　　　　（单位：mm）

档距 /m	导 线 截 面								
	当温度为 10℃时				下列温度时增减值				
	10	16	25	35	50	70	95	+25℃	−10℃
铜导线弛度									
30	300	300	300	400	500	600	700	+60	−120
40	400	400	400	500	600	700	800	+80	−160
50	500	600	600	600	700	800	900	+100	−200
铝导线弛度									
30	360	360	360	500	620	780	900	+80	−150
40	480	480	480	620	720	800	1040	+100	−200
50	720	720	720	750	870	1040	1170	+130	−250

表 9-10　导线与地面的最小距离　　　　　　　　（单位：m）

线路经过地区	线 路 电 压	
	1kV 以下	1～10kV
居民区	6.0	6.5
非居民区	5.0	5.5
交通困难地区	4.0	4.5

③ 配电线路边线与建筑物之间的距离，在最大风偏情况下，10kV 线路不应小于 2m，1kV 以下线路不应小于 1.0m。

④ 配电线路的导线与街道树、行道树之间的距离不应小于表 9-11 中所列数值。

表 9-11　导线与街道树、行道树之间的最小距离　　　　　（单位：m）

最大弛度时的垂直距离		最大风偏时的水平距离	
1kV 以下	10kV	1kV 以下	10kV
1.0	1.5	1.0	2.0

⑤ 配电线路与弱电线路交叉时，应架设在弱电线路的上方，且与弱电线路的交叉角度适宜。最大弛度时配电线路与弱电线路的垂直距离，10kV 线路不应小于 2m，1kV 以下线路不应小于 1m。

⑥ 配电线路与铁路、公路、河流交叉时最小垂直距离，在最大弛度时不应小于表 9-12 所列数值。

表 9-12　配电线路与铁路、公路、河流交叉时最小垂直距离　　　　（单位：m）

线路电压	铁路至轨顶	公路	电车道	通航河流
10kV	7.5	7.0	9.0	5
1kV 以下	7.5	6.0	9.0	1.0

注：通航河流的距离是指与最高航行水位的最高船桅顶的距离。

⑦ 配电线路与架空电力线路交叉跨越时的最小垂直距离，在最大弛度时不应小于表 9-13 所列数值，且低电压的线路应架设在下方。

表 9-13　配电线路与架空电力线路交叉跨越时的最小垂直距离　　（单位：m）

配电线路电压	电 力 线 路				
	1kV 以下	1~10kV	35~110kV	220kV	330kV
10kV	2	2	3	4	5
1kV 以下	1	2	3	4	5

4. 过引线、引下线安装

1）在耐张杆、转角杆、分支杆、终端杆上搭接过引线或引下线。

2）搭接过引线、引下线应符合下列要求：

① 过引线应呈均匀弧度、无硬弯，必要时应加装绝缘子。

② 搭接过引线、引下线应与主导线连接，不得与绝缘子回头绑扎在一起。铝导线间的连接一般应采用并沟线夹，但 70mm² 及以下的导线可以采用绑扎连接，绑扎长度不应小于表 9-14 中的规定。

③ 铜、铝导线的连接应使用铜铝过渡线夹，或有可靠的过渡措施。

④ 裸铝导线在线夹上固定时应缠包铝带，缠绕方向应与导线外层绞股方向一致，缠绕长度应超出接触部分 30mm。

⑤ 过引线、引下线的导线间及导线对地间的最小安全距离应不小于表 9-15 中的规定。

表 9-14　过引线绑扎长度值

导线截面 （mm²）	绑扎长度 （mm）	导线截面 （mm²）	绑扎长度 （mm）	导线截面 （mm²）	绑扎长度 （mm）
LJ-35 及以下	150	LJ-70	250	LJ-25 ~ 35	150
LJ-50	290	LJ-16 及以下	100	LJ-50 ~ 95	200

注：不同截面导线连接时，绑扎长度以小截面导线为准。

表 9-15　过引线、引下线的导线间及导线对地间的最小安全距离

线　　　别	电压等级/kV	距离/mm
每相过引线、引下线与邻相过引线、引下线或导线之间	1 ~ 10	300
	1 以下	150
导线与拉线、电杆或物架之间	1 ~ 10	200
	1 以下	50
1 ~ 10kV 引下线与 1kV 以下线路间		200

5. 架空导线固定

架空导线在绝缘子上通常用绑扎法固定。绑扎方法因绝缘子形式和安装地点不同而各异。常用的有以下几种：

（1）顶绑法　适用于直线杆针式绝缘子上的绑扎。绑扎时，首先在导线绑扎处包铝带 150mm，然后用绑线绑扎，绑线材料应与导线材料相同，直径在 2.6 ~ 3mm 范围内。

（2）侧绑法　适用于转角杆针式绝缘子上的绑扎。绑扎时，导线应放在绝缘子颈部外侧（若直线杆针式绝缘子顶槽太浅，无法用顶绑时，也可采用侧绑法绑扎）。导线在进行侧绑法绑扎前，在导线绑扎处同样要绑扎一定长度的铝带。

（3）终端绑扎法　适用于终端杆蝶式绝缘子的绑扎。

（4）用耐张线夹固定导线法　适用于用耐张悬式绝缘子串的导线固定。

6. 线路、电杆的防雷接地

1）避雷线的钢绞线质量应符合设计要求，其损伤处理标准，应符合表 9-16 的规定。

表 9-16　钢绞线损伤处理标准

钢绞线股数	以镀锌钢丝缠绕	以补修管补修	锯断重接
7	不允许	断 1 股	断 2 股
19	断 1 股	断 2 股	断 3 股

2）采用接续管连接的避雷线或接地线，应符合国家现行技术标准《电力金具》的规定，连接后的握着力与原避雷线或接地线的保证计算拉断力之比，应符合下列规定：

① 接续管不小于 95%。

② 螺栓式耐张线夹不小于 90%。

3）架空线路保护接地的范围：架空线路配线的金属配件；架空线路的金属杆塔。

4）线路的接地线敷设走向合理，连接紧密、牢固，导线截面选用符合设计要求，需防腐处理部分涂料涂刷均匀无遗漏。

第二节　杆上电气设备安装

1. 实际案例展示

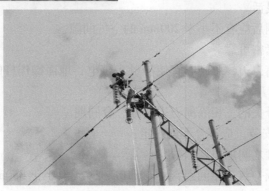

2. 设备安装

1）电杆上电气设备的安装，应符合下列规定：

① 安装应牢固可靠，固定电气设备的支架、紧固件为热浸锌制品，紧固件及防松零件齐全。

② 电气连接应接触紧密，不同金属连接，应有过渡措施。

③ 瓷件表面光洁，无裂纹、破损等现象。

2）杆上变压器及变压器台的安装，尚应符合下列规定：

① 水平倾斜不大于台架根开的1/100。

② 一、二次引线排列整齐、绑扎牢固。

③ 油枕、油位正常，无渗油现象，外壳涂层完整、干净。

④ 接地可靠，接地电阻值符合规定。

⑤ 套管压线螺栓等部件齐全。

⑥ 呼吸孔道畅通。

3）跌落式熔断器的安装，应符合下列规定：

① 各部分零件完整。

② 转轴光滑灵活，铸件不应有裂纹、砂眼、锈蚀。

③ 瓷件良好，熔丝管不应有吸潮膨胀或弯曲现象。

④ 熔断器安装牢固、排列整齐，熔管轴线与地面的垂线夹角为15°~30°，熔断器水平相间距离不小于500mm，熔管操作能自然打开旋下。

⑤ 操作时灵活可靠、接触紧密。合熔丝管时上触头应有一定的压缩行程。

⑥ 上、下引线压紧，与线路导线的连接紧密可靠。

4）杆上断路器和负荷开关的安装，应符合下列规定：

① 水平倾斜不大于托架长度的1/100。

② 引线连接紧密，当采用绑扎连接时，长度不小于150mm。

③ 外壳干净，不应有漏油现象，气压不小于规定值。

④ 操作灵活，分、合位置指示正确可靠。

⑤ 外壳接地可靠，接地电阻值符合规定。

5）杆上隔离开关安装，应符合下列规定：

① 瓷件良好。

② 操作机构动作灵活。

③ 隔离刀刃，分闸后应有不小于200mm的空气间隙。

④ 与引线的连接紧密可靠。

⑤ 水平安装的隔离刀刃，分闸时宜使静触头带电；地面操作杆的接地（PE）可靠，且有标识。

⑥ 三相连动隔离开关的三相隔离刀刃应分、合同期。

6）杆上避雷器的安装，应符合下列规定：

① 瓷套与固定抱箍之间加垫层。

② 排列整齐、高低一致，相间距离：1~10kV时，不小于350mm；1kV以下时，不小

于 150mm。

③ 引线短而直、连接紧密，采用绝缘线时，电源侧引线其截面铜线不小于 16mm^2，铝线不小于 25mm^2；接地侧引线其截面铜线不小于 25mm^2，铝线不小于 35mm^2。

④ 与电气部分连接，不应使避雷器产生外加应力。

⑤ 引下线接地可靠，接地电阻值符合规定。

7）低压熔断器和开关安装各部位接触应紧密，便于操作。

8）低压熔丝（片）安装，应符合下列规定：

① 无弯折、压偏、伤痕等现象。

② 严禁用线材代替熔丝（片）。

第十章 变压器、箱式变电所安装

第一节 变压器安装

1. 实际案例展示

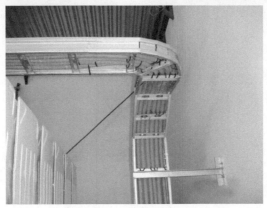

2. 基础验收

变压器就位前，要先对基础进行验收。基础的中心与标高应符合设计要求，轨距与轮距应互相吻合，具体要求如下：

1）轨道水平误差不应超过 5mm。

2）轨距不应小于设计轨距，误差不应超过 +5mm。

3）轨面对设计标高的误差不应超过 ±5mm。

3. 设备开箱检查

1）设备开箱检查应由施工单位、供货方会同监理单位、建设单位代表共同进行，并做好开箱检查记录。

2）开箱后，按照设备清单、施工图样及设备技术文件核对变压器规格型号应与设计相符，附件与备件齐全无损坏。

3）变压器外观检查无机械损伤及变形，油漆完好、无锈蚀。

4）油箱密封应良好，带油运输的变压器，油枕油位应正常，油液应无渗漏。

5）绝缘瓷件及环氧树脂铸件无损伤、缺陷及裂纹。

4. 设备二次搬运

1）变压器二次搬运应由起重工作业，电工配合。搬运时最好采用汽车式起重机和汽车，如距离较短时且道路较平坦时可采用倒链吊装、卷扬机拖运、滚杠运输等。变压器重量参见表10-1。

表 10-1 变压器参考重量

形 式	序 号	容量/kVA	重量/t
树脂浇铸干式变压器	1	100~200	0.71~0.92
	2	250~500	1.16~1.90
	3	630~1000	2.08~2.73
	4	1250~1600	3.39~4.38
	5	2000~2500	5.14~6.30
油浸式电力变压器	1	100~180	0.6~1.0
	2	200~420	1.0~1.8
	3	500~630	2.0~2.8
	4	750~800	3.0~3.8
	5	1000~1250	3.5~4.6
	6	1600~1800	5.2~6.1

2）变压器吊装时，索具必须检查合格，钢丝绳必须挂在油箱的吊钩上，变压器顶盖上盘的吊环仅作吊芯检查用，严禁用此吊环吊装整台变压器。

3）变压器搬运时，用木箱或纸箱将高低压绝缘瓷瓶罩住进行保护，使其不受损伤。

4）变压器搬运过程中，不应有严重冲击或振动情况，利用机械牵引时，牵引的着力点应在变压器重心以下，以防倾斜，运输倾斜角不得超过15°，防止内部结构变形。

5）用千斤顶顶升大型变压器时，应将千斤顶放置在油箱千斤顶支架部位，升降操作应协调，各点受力均匀，并及时垫好垫块。

6）大型变压器在搬运或装卸前，应核对高低压侧方向，以免安装时调换方向发生困难。

5. 器身检查

变压器到达现场后，应按产品技术文件要求进行器身检查。

1）当满足下列条件之一时，可不进行器身检查。

① 制造厂规定可不做器身检查者。

② 就地生产仅做短途运输的变压器，在运输过程中进行了有效的监督且无紧急制动、剧烈振动、冲撞或严重颠簸等异常情况者。

2）器身检查应当遵守下列规定：

① 周围空气温度不宜低于0℃，变压器器身温度不宜低于周围空气温度。当器身温度低于周围空气温度时，应加热器身，宜使其温度高于周围空气温度10℃。

② 当空气相对湿度小于75%时，器身暴露在空气中的时间不得超过16h。

③ 调压切换装置吊出检查、调整时，暴露在空气中的时间应符合表10-2规定。

表10-2　调压切换装置露空时间

环境温度/℃	>0	>0	>0	<0
空气相对湿度/%	65	65~75	75~85	不控制
持续时间不大于/h	24	16	10	8

④ 空气相对湿度或露空时间超过规定时，必须采取相应的可靠措施。露空时间计算规定，带油运输的变压器，由开始放油时算起；不带油运输的变压器，由揭开顶盖或打开任一堵塞算起，到开始抽真空或注油为止。

⑤ 器身检查时，场地四周应清洁和有防尘措施；雨雪天或雾天，不应在室外进行。

3）钟罩起吊前，应拆除所有与其相连的部件。

4）器身或钟罩起吊时，吊索与铅垂线的夹角不宜大于30°，必要时可使用控制吊梁。起吊过程中，器身与箱壁不得碰撞。

5）器身检查的主要项目和要求符合下列规定：

① 运输支撑和器身各部位应无移动现象，运输用的临时防护装置及临时支撑应予拆除，并经过清点做好记录以备查。

② 所有螺栓应紧固，并有防松措施；绝缘螺栓应无损坏，防松绑扎完好。

③ 铁芯应无变形，铁轭与夹件间的绝缘垫应良好。铁芯应无多点接地。铁芯外引接地的变压器，拆开接地线后铁芯对地绝缘应良好。拆开夹件与铁轭接地片后，铁轭螺杆与铁芯、铁轭与夹件、螺杆与夹件间的绝缘应良好。当铁轭采用钢带绑扎时，钢带对铁轭的绝缘应良好。拆开铁芯屏蔽接地引线，检查屏蔽绝缘应良好。拆开夹件与线圈压板的连线，检查压钉绝缘应良好。铁芯拉板及铁轭拉带应紧固，绝缘良好（无法拆开铁芯的可不检查）。

④ 绕组绝缘层应完整，无缺损、变位现象；各绕组应排列整齐，间隙均匀，油路无堵塞；绕组的压钉应紧固，防松螺母应锁紧。

⑤ 绝缘围屏绑扎牢固，围屏上的线圈引出处的封闭应良好。

⑥ 引出线绝缘包扎紧固，无破损、折弯现象。引出线绝缘距离应合格，固定牢靠，其固定支架应紧固。引出线的裸露部分应无毛刺或尖角，且焊接应良好；引出线与套管的连接应牢靠，接线正确。

⑦ 无励磁调压切换装置各分接点与线圈的连接应紧固正确；各分接头应清洁，且接触紧密，引力良好；所有接触到的部分，用规格为0.05mm×10mm塞尺检查，应塞不进去，转动接点应正确地停留在各个位置上，且与指示器所指位置一致；切换装置的拉杆、分接头

凸轮、小轴、销子等应完整无损；转动盘应动作灵活，密封良好。

⑧ 有载调压切换装置的选择开关、范围开关应接触良好，分接引线应连接正确、牢固，切换开关部分密封良好。必要时抽出切换开关芯子进行检查。

⑨ 绝缘屏障应完好，且固定牢固，无松动现象。

⑩ 检查强油循环管路与下轮绝缘接口部位的密封情况。

⑪ 检查各部位应无油泥、水滴和金属屑末等杂物。

注：变压器有围屏者，可不必解除围屏，由于围屏遮蔽而不能检查的项目，可不予检查；铁芯检查时，无法拆开的可不测。

6）器身检查完毕后，必须用合格的变压器油进行冲洗，并清洗油箱底部，不得有遗留杂物。箱壁上的阀门应开闭灵活、指示正确。导向冷却的变压器还应检查和清理进油管接头和联箱。

7）运输网的定位钉应予以拆除或反装，以免造成多点接地。

6. 就位

1）变压器就位可用汽车式起重机直接进行就位，由起重工操作，电工配合。可用道木搭设临时轨道，用倒链拉入设计位置。

2）就位时，应注意其方位和距墙尺寸应与设计要求相符，允许误差为 ±25mm，图样无标注时，纵向按轨道定位，横向距离不得小于 800mm，距门不得小于 1000mm，并使屋内预留吊环的垂线位于变压器中心，以便于进行吊芯检查，干式变压器图样无注明时，安装维修最小距离应符合图 10-1 要求。

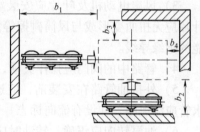

图 10-1　干式变压器
安装维修最小距离

3）变压器基础的轨道应水平，轨距与轮距应配合，装有气体继电器的变压器顶盖，沿气体继电器的气流方向有 1.0% ~1.5% 的升高坡度。

4）变压器与封闭母线连接时，其套管中心线应与封闭母线中心线相符。

5）变压器宽面推进时，低压侧应向外；窄面推进时，油枕侧应向外。装有开关的一侧操作方向上应留有 1200mm 以上的距离。

6）装有滚轮的变压器，滚轮应转动灵活，在变压器就位后，应将滚轮用能拆卸的制动装置加以固定。

7）油浸变压器的安装，应考虑能在带电的情况下，方便检查油枕和套管中的油位、上层油温、气体继电器等。

7. 附件安装

（1）密封处理

1）设备的所有法兰连接处，应用耐油密封垫（圈）密封。密封垫（圈）必须无扭曲、变形、裂纹和毛刺。密封垫（圈）应与法兰面的尺寸相配合。

2）法兰连接面应平整、清洁，密封垫应擦拭干净，安装位置应准确。其搭接处的厚度应与其原厚度相同，橡胶密封垫的压缩量不宜超过其厚度的 1/3。

（2）有载调压切换装置的安装

1）传动部分润滑应良好（传动结构的摩擦部分应涂以适合当地气候条件的润滑脂），动作灵活，无卡阻现象；点动给定位置与开关实际位置一致，自动调节符合产品的技术文件要求。

2）切换开关的触头及其连接线应完整无损，且接触良好，其限流电阻应完好，无断裂现象。

3）切换装置的工作顺序应符合产品出厂技术要求；切换装置在极限位置时，其机械联锁与极限开关的电气联锁动作应正确。

4）位置指示器应动作正常，指示正确。

5）切换开关油箱内应清洁，油箱应做密封试验，且密封良好；注入油箱中的绝缘油，其绝缘强度应符合产品的技术要求。

（3）冷却装置的安装

1）冷却装置在安装前应按制造厂规定的压力值用气压或油压进行密封试验，其中散热器、强迫油循环风冷却器，持续30min应无渗漏；强迫油循环水冷却器，持续1h应无渗漏，水、油系统应分别检查渗漏。

2）冷却装置安装前应用合格的绝缘油经净油机循环冲洗干净，并将残油排尽。冷却装置安装完毕后应即注满油。

3）风扇电动机及叶片应安装牢固，并应转动灵活，无卡阻；试转时应无振动、过热；叶片应无扭曲变形或与风筒碰擦等情况，转向应正确；电动机的电源配线应采用具有耐油性能的绝缘导线。

4）管路中的阀门应操作灵活，开闭位置应正确；阀门及法兰连接处应密封良好。

5）外接油管路在安装前，应进行彻底除锈并清洗干净；管道安装后，油管应涂黄漆，水管应涂黑漆，并设有流向标志。

6）油泵转向应正确，转动时应无异常噪声、振动或过热现象；其密封应良好，无渗油或进气现象。

7）差压继电器、流速继电器应经校验合格，且密封良好，动作可靠。

8）水冷却装置停用时，应将水放尽。

（4）储油柜的安装

1）储油柜安装前，应清洗干净。

2）胶囊式储油柜中的胶囊或隔膜式储油柜中的隔膜应完整无破损；胶囊在缓慢充气胀开后检查应无漏气现象。

3）胶囊沿长度方向应与储油柜的长轴保持平行，不应扭偏；胶囊口的密封应良好，呼吸应通畅。

4）油位表动作应灵活，油位表或油标管的指示必须与储油柜的真实油位相符，不得出现假油位。油位表的信号接点位置正确，绝缘良好。

（5）升高座的安装

1）升高座安装前，应完成电流互感器的试验；电流互感器出线端子板应绝缘良好，无渗油现象。

2）安装升高座时，应使电流互感器铭牌位置面向油箱外侧，放气塞位置应在升高座最高处。电流互感器和升高座的中心应一致。

3）绝缘筒应安装牢固，其安装位置不应使变压器引出线与之相碰。

（6）套管的安装

1）套管安装前先进行检查：瓷套表面应无裂缝、伤痕，套管、法兰颈部及均压球内壁应清擦干净。套管经试验合格，充油套管无渗油现象，油位指示正常。

2）当充油管介质损耗角正切值 tanδ（％）超过标准，且确认其内部绝缘受潮时，应进行干燥处理。

3）套管顶部结构的密封垫应安装正确，密封应良好，连接引线时，不应使顶部结构松扣。

4）充油套管的油标应面向外侧，套管末端应接地良好。

（7）气体继电器安装

1）气体继电器安装前应经检验整定，以检验其严密性及绝缘性能并做流速整定。油速整定范围为：管径为80mm者为0.7~1.5m/s，管径为50mm者为0.6~1.0m/s。

2）气体继电器应水平安装，观察窗应装在便于检查的一侧，箭头方向应指向油枕，与连通管的连接应密封良好。截油阀应位于油枕和气体继电器之间。

3）打开放气嘴，放出空气，直到有油溢出时将放气嘴关上，以免有空气使继电保护器误动作。

4）当操作电源为直流时，必须将电源正极接到水银侧的接点上，以免接点断开时产生飞弧。

5）事故喷油管的安装方位，应注意到事故排油时不致危及其他电器设备；喷油管口应换为割划有"十"字线的玻璃，以便发生故障时气流能顺利冲破玻璃。

（8）安全气道（防爆管）安装

1）安全气道安装前内壁应清拭干净，防爆隔膜应完整，其材料和规格应符合产品的技术规定，不得任意代用。

2）安全气道斜装在油箱盖上，安装倾斜方向应按制造厂规定，厂方无明显规定时，宜斜向储油柜侧。

3）防焊隔膜信号接线应正确，接触良好。

（9）干燥器（吸湿器、防潮呼吸器、空气过滤器）安装

1）检查硅胶是否失效（对浅蓝色硅胶，变为浅红色即已失效；白色硅胶不加鉴定一律进行烘烤）。如已失效，应在115~120℃温度下烘烤8h，使其复原或更新。

2）安装时必须将干燥器盖子处的橡胶垫取掉，使其畅通，并在盖子中装适量的变压器油，起滤尘作用。

3）干燥器与储气柜间管路的连接应密封良好，管道应通畅。

4）干燥器油封油位应在油面线上；但隔膜式储油柜变压器应按产品要求处理（或不到油封、或少放油，以便胶囊易于伸缩呼吸）。

（10）温度计安装

1）套管温度计安装，应直接安装在变压器上盖的预留孔内，并在孔内加以适当变压器油。刻度方向应便于检查。

2）电接点温度计安装前应进行校验，油浸变压器一次元件应安装在变压器顶盖上的温

度计套筒内，并加适当变压器油；二次仪表挂在变压器一侧的预留板上。干式变压器一次元件应按厂家说明书位置安装，二次仪表安装在便于观测的变压器护网栏上。软管不得有压扁或死弯，弯曲半径不小于50mm，富余部分应盘圈并固定在温度计附近。

3）干式变压器的电阻温度计，一次元件应预埋在变压器内，二次仪表应安装值班室内或操作台上，导线应符合仪表要求，并加以适当的附加电阻校验调试后方可使用。

8. 变压器接线及接地

1）变压器的一、二次接线、地线、控制导线均应符合相应各章的规定，油浸变压器附件的控制导线，应采用具有耐油性能的绝缘导线。靠近箱壁的绝缘导线，排列应整齐，并有保护措施；接线盒密封应良好。

2）变压器一、二次引线的施工，不应使变压器的套管直接承受应力。

3）变压器的低压侧中性点必须直接与接地装置引出的接地干线进行连接，变压器箱体、干式变压器的支架或外壳应进行接地（PE），且有标识。所有连接必须可靠，紧固件及防松零件齐全。

4）变压器中性点的接地回路中，靠近变压器处，宜做一个可拆卸的连接点。

9. 交接试验

1）变压器的交接试验应由当地供电部门许可的有资质的试验室进行，试验标准符合现行国家标准《电气装置安装工程电气设备交接试验标准》（GB 50150）的规定。

2）变压器交接试验的内容：

① 测量绕组连同套管的直流电阻。

② 检查所有分接头的变压比。

③ 检查变压器的三相接线组别和单相变压器引出线的极性。

④ 测量绕组连同套管的绝缘电阻、吸收比或极化指数。

⑤ 测量绕组连同套管的介质损耗角正切值 $\tan\delta$。

⑥ 测量绕组连同套管的直流泄漏电流。

⑦ 绕组连同套管的交流耐压试验。

⑧ 绕组连同套管的局部放电试验。

⑨ 测量与铁芯绝缘的各紧固件及铁芯接地线引出套管对外壳的绝缘电阻。

⑩ 非纯瓷套管的试验。

⑪ 绝缘油试验。

⑫ 有载调压切换装置的检查和试验。

⑬ 额定电压下的冲击合闸试验。

⑭ 检查相位。

⑮ 测量噪声。

3）变压器电气交接试验的要求详见有关规定。

10. 送电前的检查

变压器试运行前必须由质量监督部门检查合格，并做全面检查，确认符合试运行条件时方可投入运行。检查内容如下：

1）各种交接试验单据齐全，数据符合要求。

2）变压器应清理、擦拭干净，顶盖上无遗留杂物，本体、冷却装置及所有附件应无缺损，且不渗油。

3）变压器一、二次引线相位正确，绝缘良好。

4）接地线良好且满足设计要求。

5）通风设施安装完毕，工作正常，事故排油设施完好，消防设施齐备。

6）油浸变压器油系统油门应打开，油门指示正确，油位正常。

7）油浸变压器的电压切换装置及干式变压器的分接头位置放置正常电压挡位。

8）保护装置整定值符合规定要求；操作及联动试验正常。

9）干式变压器护栏安装完毕。各种标志牌挂好，门窗封闭完好，门上挂锁。

11. 送电试运行

1）变压器第一次投入时，可全压冲击合闸，冲击合闸宜由高压侧投入。

2）变压器应进行 3~5 次全压冲击合闸，无异常情况；第一次受电后，持续时间不应少于 10min；励磁涌流不应引起保护装置的误动作。

3）油浸变压器带电后，检查油系统所有焊缝和连接面不应有渗油现象。

4）变压器并列运行前，应核对好相位。

5）变压器试运行要注意冲击电流、空载电流、一、二次电压、温度，并做好试运行记录。

6）变压器空载运行 24h，无异常情况，方可投入负荷运行。

第二节　箱式变电所安装

1. 实际案例展示

2. 测量定位

按设计施工图样所标定位置及坐标方位、尺寸，进行测量放线确定箱式变电所安装的底盘线和中心轴线，并确定地脚螺栓的位置。

3. 基础型钢安装

1）预制加工基础型钢的型号、规格应符合设计要求。按设计尺寸进行下料和调直，做好防锈处理。根据地脚螺栓位置及孔距尺寸，进行制孔。制孔必须采用机械制孔。

2）基础型钢架安装。按放线确定的位置、标高，中心轴线尺寸，控制准确的位置稳好型钢架，用水平尺或水准仪找平、找正。与地脚螺栓连接牢固。

3）基础型钢与地线连接，将引进箱内的地线扁钢与型钢结构基架的两端焊牢（焊接处搭接面不得小于扁钢宽度的 2 倍，且不少于三面施焊），然后涂两遍防锈漆。

4. 箱式变电所就位与安装

1）就位。要确保作业场地清洁、通道畅通。将箱式变电所运至安装的位置，吊装时，应严格控制吊点，应充分利用吊环，将吊索穿入吊环内，然后，做试吊检查受力吊索力的分布应均匀一致，确保箱体平稳、安全、准确地就位。

2）按设计布局的顺序组合排列箱体。找正两端的箱体，然后挂通线，找准调正，使其箱体正面平顺。

3）组合的箱体找正、找平后，应将箱与箱用镀锌螺栓连接牢固。

4）接地。箱式变电所接地，应以每箱独立与基础型钢连接，严禁进行串联。接地干线与箱式变电所的 N 母线和 PE 母线直接连接，变电箱体、支架或外壳的接地应用带有防松装置的螺栓连接。连接均应紧固可靠，紧固件齐全。

5）箱式变电所的基础应高于室外地坪，周围排水畅通。

6）箱式变电所，用地脚螺栓固定的螺母应齐全，拧紧牢固，自由安放的应垫平放正。

7）箱壳内的高、低压室均应装设照明灯具。

8）箱体内应有防雨、防晒、防锈、防尘、防潮、防凝露的技术措施。

9）箱式变电所安装高压或低压电度表时，必须接线相位准确，并安装在便于查看的位置。

5. 接线

1）高压接线应尽量简单，但要求既有终端变电站接线，也有适应环网供电的接线。

成套变电所各部分一般在现场进行组装和接线，通常采用下列形式的一种。

① 放射式。一回一次馈电线接一台降压变压器，其二次侧接一回或多回放射式馈电线。

② 一次选择系统和一次环形系统。每台降压变压器通过开关设备接到两个独立的一次电源上，以得到正常和备用电源。在正常电源有故障时，则将变压器换接到另一电源上。

③ 二次选择系统。两台降压变压器各接一独立一次电源。每台变压器的二次侧通过合适的开关和保护装置连接各自的母线。两段母线间设联络开关与保护装置，联络开关正常是断开的，每段母线可供接一回或多回二次放射式馈电线。

④ 二次点状网络。两台降压变压器各接一独立一次电源。每台变压器二次侧通过特殊型的断路器都接到公共母线上，该断路器称为网络保护器（Networkprotector）。网络保护器装有继电器，当逆功率流过变压器时，断路器即被断开，并在变压器二次侧电压、相角和相序恢复正常时再行重合。母线可供接一回或多回二次放射式馈电线。

⑤ 配电网络。单台降压变压器二次侧通过网络保护器接到母线上。网络保护器装有继电器，当变压器二次侧电压、相角、相序恢复时，断路器断开。母线可供一回或多回二次放射式馈电线，和接一回或多回联络线，与类似的成套变电站相连。

⑥ 双回路（一个半断路器方案）系统。两台降压变压器各接一独立一次电源。每台变压器二次侧接一回放射式馈电线。这些馈电线电力断路器的馈电侧用正常断开的断路器连接在一起。

2）接线的接触面应连接紧密，连接螺栓或压线螺栓紧固必须牢固，与母线连接时紧固螺栓采用力矩扳手紧固。

3）相序排列准确、整齐、平整、美观。涂色正确。

4）设备接线端，母线搭接或卡子、夹板处，明设地线的接线螺栓处等两侧 10～15mm 处均不得涂刷涂料。

第十一章　成套配电柜、控制柜（屏、台）和动力照明配电箱（盘）安装

第一节　盘柜安装

1. 实际案例展示

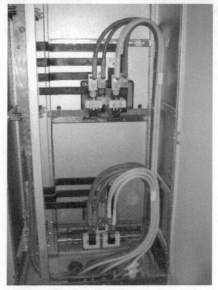

2. 施工要点

1）成套盘柜安装工序常分为：基础型钢配料、基础型钢制作埋设、盘柜搬运检查、找

正固定、接线调整。

2）按施工图选用型钢，如无规定可选用 8 号～10 号槽钢，槽钢可平放及竖放，型钢应先调直和除锈，按图下料。

3）盘柜在室内的位置必须按施工图规定，作业人员不得任意更改。

4）应与土建部门密切配合，核对各种预留孔、预留沟及预埋件的位置、数量、尺寸等，以免差错。

5）基础型钢的安装允许偏差：水平度和不直度每米均不得超过 1mm，全长不得超过 5mm。

6）基础型钢安装后，其顶部应高出抹平地面 10mm；手车式配电柜基础应与最后地面齐平；基础型钢应有明显的可靠接地，接地点不得少于两点。

7）盘柜成排安装按下列要求进行：

① 在距柜顶和柜底各 200mm 处，拉两根基准线。

② 将盘柜按图样规定的顺序比照基准就位，精确调整一个盘柜，再逐个调整其他盘柜。

③ 调整至盘面一致，排列整齐，其水平误差不得大于 1/1000，全长不得大于 5mm。垂直误差不得大于 1.5/1000，盘与盘之间无明显缝隙，最大不得超过 2mm。

④ 模拟母线应对齐，其误差不应超过视差范围，并应完整，安装牢固。

8）盘、柜及盘、柜内设备与各构件间连接应牢固。主控制盘、继电保护盘和自动装置盘等不宜与基础型钢焊死。

9）在有振动场所的盘柜应采取下列防振措施：

① 可在盘柜与基础型钢之间垫厚 10mm 的橡胶垫，其长度应与盘柜长度一致，宽度不小于基础型钢。

② 盘柜与基础型钢的连接采用螺栓或压板连接。

10）盘、柜、台、箱的接地应牢固可靠，装有电器的活动盘、柜门，应以裸铜软线与接地的金属构架可靠接地。

11）各种安装支架和柜体必须采用螺栓连接。不得将支架直接焊在柜体上。

12）成套柜的安装应符合下列要求：

① 机械闭锁、电气闭锁应动作准确、可靠。

② 动触头与静触头的中心线一致，触头接触紧密。

③ 二次回路辅助开关的切换接点应动作准确，接触可靠。

④ 柜内照明齐全。

13）盘、柜的漆层应完整，无损伤，固定电器的支架应刷漆，安装于同一室内且经常监视的盘、柜，其盘面颜色宜和谐一致。

14）手车式柜的安装尚应符合下列要求：

① 检查防止电气误操作的"五防"装置齐全，并动作灵活可靠。

② 手车推拉应灵活轻便，无卡阻、碰撞现象，相同型号的手车应能互换。

③ 手车推入工作位置后，动触头顶部与静触头底部的间隙应符合产品要求。

④ 手车和柜体间的二次回路连接插件应接触良好。

⑤ 安全隔离板应开启灵活，随手车的进出而相应动作。

⑥ 柜内控制电缆的位置不应妨碍手车的进出，并应牢固。

⑦ 手车与柜体间的接地触头应接触紧密，当手车推入柜内时，其接地触头应比主触头先接触，拉出时接地触头比主触头后断开。

15）抽屉式配电柜的安装尚应符合下列要求：

① 抽屉推拉应灵活轻便，无卡阻、碰撞现象，抽屉应能互换。

② 抽屉的机械联锁或电气联锁装置应动作正确可靠，断路器分闸后，隔离触头才能分开。

③ 抽屉与柜体间的二次回路连接插件应接触良好。

④ 抽屉与柜体间的接触及柜体、框架的接地应良好。

3. 盘、柜上的电器安装

1）盘柜就位后，应按设计图进一步检查盘上元件的型号、规格、各种元件的端子编号及标志。

2）仪表、继电器等元件的密封垫、铅封、漆封和附件应完整。

3）元件的固定应稳固端正，安装在盘上的各元件应能自由拆装，而不影响其他相邻元件和线束。

4）盘、柜上的仪表等元件应用螺栓固定，不得将它们直接焊在盘、柜壁上。

5）仪表及继电器，均应经过校验后方能安装，测量仪表应将额定值标明在刻度盘上。

6）仪表之间水平及垂直间距不应小于 20mm，固定仪表时，受力应均匀，以免影响仪表精度，较重的仪表安装，应在盘后另设支架支托。

7）控制开关安装时，先检查各不同位置时触点闭合情况与展开图应相符，各触点应接触良好，安装应横平、竖直，固定牢靠。

8）电阻器应安装在盘柜上部，应使冷却空气能在其周围流动并应在其接线端子 30mm 以内的一段芯线上套上小瓷管。

9）信号灯、光字牌等信号元件安装前应进行外观检查及试亮，并检查灯罩颜色及附加电阻应与设计相符，单独提供的附加电阻应用小支架固定，不得悬吊在灯头接线螺栓上。

10）光字牌里层的光玻璃上应用黑漆按设计图正楷书写相应标题，不应用写好字的纸条镶入两层玻璃中，以免烧焦。

11）电器的安装尚应符合下列要求：

① 发热元件宜安装在散热良好的地方；两个发热元件之间的连线应采用耐热导线或裸铜线套瓷管。

② 熔断器的熔体规格、自动开关的整定值应符合设计要求。

③ 切换压板应接触良好，相邻压板间应有足够安全距离，切换时不应碰及相邻的压板；对于一端带电的切换压板，应使在压板断开情况下，活动端不带电。

④ 信号回路的信号灯、光字牌、电铃、电笛、事故电钟等应显示准确，工作可靠。

⑤ 盘上装有装置性设备或其他有接地要求的电器，其外壳应可靠接地。

⑥ 带有照明的封闭式盘、柜应保证照明完好。

12）端子排的安装应符合下列要求：

① 端子排应无损坏，固定牢固，绝缘良好。

② 端子排应有序号，垂直布置的端子排最底下一个端子，及水平布置的最下一排端子

离地宜大于 350mm，端子排并列时彼此间隔不应小于 150mm。

③ 回路电压超过 400V，端子板应有足够的绝缘并涂以红色标志。

④ 强、弱电端子宜分开布置；当有困难时，应有明显标志并设空端子隔开或设加强绝缘的隔板。

⑤ 正、负电源之间以及经常带电的正电源与合闸或跳闸回路之间，宜以一个空端子隔开。

⑥ 电流回路应经过试验端子，其他需断开的回路宜经特殊端子或试验端子，试验端子应接触良好。

⑦ 潮湿环境宜采用防潮端子。

⑧ 接线端子应与导线截面匹配，不应使用小端子配大截面导线。

13）二次回路的连接件应采用铜质制品，绝缘件应采用自熄性阻燃材料。

14）盘柜的正面及背面各电器、端子牌等应标明编号、名称、用途及操作位置，其标明的字迹应清晰、工整，且不宜脱色。

15）盘、柜上的小母线应采用直径不小于 6mm 的铜棒或铜管，小母线两侧应有标明其代号或名称的绝缘标志牌，字迹应清晰、工整，且不宜脱色。

16）二次回路的电气间隙和爬电距离应符合下列要求：

① 盘、柜内两导体间，导电体与裸露的不带电的导体间，应符合表 11-1 的要求。

表 11-1　允许最小电气间隙及爬电距离　　（单位：mm）

额定电压 P/V	电气间隙		爬电距离	
	额定工作电流		额定工作电流	
	≤63A	>63A	≤63A	>63A
P≤60	3.0	5.0	3.0	5.0
60<P≤300	5.0	6.0	6.0	8.0
300<P≤500	8.0	10.0	10.0	12.0

② 屏顶上小母线不同相或不同极的裸露载流部分之间，裸露载流部分与未经绝缘的金属体之间，电气间隙不得小于 12mm；爬电距离不得小于 20mm。

第二节　二次回路结线

1. 实际案例展示

二次接线整齐规范

2. 施工要点

1）盘内配线应按施工图规定，接线正确、整齐美观，绝缘良好，连接牢固；且不得有中间接头；若无明确规定，可选用铜芯电线或电缆，导线回路截面应符合如下要求：

① 电流回路导线截面面积不小于 $2.5mm^2$。

② 电压、控制、保护、信号等回路不小于导线截面面积 $1.5mm^2$。

③ 对电子元件回路、弱电回路采用锡焊连接时，在满足载流量和电压降及有足够的机械强度的情况下，可采用不小于 $0.5mm^2$ 截面面积的绝缘导线。

④ 多油设备的二次接线不得采用橡胶线，应采用塑料绝缘线。

⑤ 接到活动门、板上的二次配线必须采用 $2.5mm^2$ 以上的绝缘软线，并在转动轴线附近两端留出余量后卡固，结束应有外套塑料管等加强绝缘层。与电器连接时，端部应绞紧，并应加终端附件或搪锡，不得松散、断股。

⑥ 应使用剥线钳剥线，绝缘导线的剥切长度见表 11-2。

⑦ 在剥掉绝缘层的导线端部套上标志管，导线顺时针方向弯成内径比端子接线螺钉外径大 $0.5 \sim 1mm$ 的圆圈；多股导线应先拧紧、挂锡、煨圈，并卡入梅花垫，或采用压接线鼻子，禁止直接插入。

表 11-2　绝缘导线的剥切长度　　　　　　　　　　（单位：mm）

端子螺钉直径	3	4	5	6	8
剥线长度	15	18	21	24	28

⑧ 线头弯曲方向应与拧紧螺钉一致，导线与螺钉之间须使用垫圈（片）。

⑨ 插接式接线端子，不同截面的两根导线不得接在同一端子上。对于螺栓连接端子，当接两根导线时，中间应加平垫片。导线端部剥切长度为插接端子的 $1/2$，不应将导线绝缘层插入，以免造成接触不良。也不应插入过少，以致掉落。每个接线端子的一端，接线不得超过 2 根。

⑩ 二次回路接地应设专用螺栓。

2）引入盘柜内的电缆及芯线应符合下列要求：

① 引入盘柜内的电缆应排列整齐，编号清晰，避免交叉，并应固定牢固，不得使所接端子排受到机械应力。

② 铠装电缆在进入盘、柜后，应将钢带切断，切断处的端部应扎紧，并应将钢带接地。

③ 使用静态保护、控制等逻辑回路的控制电缆，应采用屏蔽电缆，其屏蔽层应按设计要求的接地方式予以接地。

④ 橡胶绝缘的芯线应用外套绝缘管保护。

⑤ 盘柜内的电缆芯线，应按垂直或水平有规律地配置，不得任意歪斜交叉连接，备用芯线长度应留有适当余量。

⑥ 强、弱电回路不应使用同一根电缆，并应分别成束分开排列。

3）直流回路中具有水银接点的电器，电源正极应接到水银侧接点的一端。

4）在油污环境，应采用耐油的绝缘导线，在日光直射环境，橡胶或塑料绝缘导线应采取防护措施。

第十二章 低压电动机、电加热器及电动执行机构安装

1. 实际案例展示

2. 基础验收

对基础轴线、标高、地脚螺栓位置、外形几何尺寸进行测量验收，沟槽、孔洞及电缆管位置应符合设计及土建本身的质量要求。混凝土强度等级一定要符合设计要求。一般基础承重量不小于电动机重量的3倍。基础各边应超出电动机底座边缘100~150mm。

3. 设备开箱检查

1）设备到场后，由建设单位、监理单位代表、供货方及施工单位共同进行开箱检查，并做好开箱检查记录。

2）按照设备供货清单、技术文件，对设备及其附件、备件的规格、型号、数量进行详细核对。

3）电动机本体、控制和起动设备外观检查应无损伤及变形，油漆应完好；电动机及其附属设备均应符合设计要求。

4. 安装前的检查

1）盘动转子不得有卡阻及异常声响。

2）润滑脂情况应正常，无变色、变质及硬化等现象。其性能应符合电动机工作条件的要求。

3）测量滑动轴承电动机的空气间隙，其不均匀度应符合产品的规定。若无规定时，各点空气间隙与平均空气间隙之比宜为±5%。

4）电动机的引出线接线端子焊接或压接良好，且编号齐全，裸露带电部分的电气间隙

应符合产品标准的规定。

5）绕线式电动机应检查电刷的提升装置，提升装置应有"起动""运行"的标志，动作顺序应是先短路集电环，后提起电刷。

5. 电动机的安装

1）电动机安装应由电工、钳工操作，大型电动机的安装需要有起重工配合进行。

2）地脚螺栓应与混凝土基础牢固地结合成一体，浇筑前预留孔应清洗干净，螺栓本身不应歪斜，机械强度应满足要求。

3）稳装电动机垫铁一般不超过 3 块，垫铁与基础面接触应严密，电动机底座安装完毕后进行二次灌浆。

4）采用带传动的电动机轴及传动装置轴的中心线应平行，电动机及传动装置的带轮，自身垂直度全高不超过 0.5mm，两轮的相应槽应在同一直线上。

5）采用齿轮传动时，圆齿轮中心线应平行，接触部分不应小于齿宽的 2/3，伞形齿轮中心线应按规定角度交叉，咬合程度应一致。

6）采用靠背轮传动时，轴向与径向允许误差，弹性连接的不应小于 0.05mm，刚性连接的不大于 0.02mm。互相连接的靠背轮螺栓孔应一致，螺母应有防松装置。

7）电刷的刷架、刷握及电刷的安装：

① 同一组刷握应均匀排列在与轴线平行的同一直线上。

② 刷握的排列，应使相邻不同极性的一对刷架彼此错开，以使换向器均匀磨损。

③ 各组电刷应调整在换向器的电气中性线上。

④ 带有倾斜角的电刷，其锐角尖应与转动方向相反。

⑤ 电刷架及其横杆应固定紧固，绝缘衬管和绝缘垫应无损伤、污垢，并应测量其绝缘电阻。

⑥ 电刷的铜编带应连接牢固、接触良好，不得与转动部分或弹簧片相碰撞，且有绝缘垫的电刷，绝缘垫应完好。

⑦ 电刷在刷握内应能上下自由移动，电刷与刷握的间隙应符合厂方规定，一般为 0.1 ~ 0.2mm。

8）定子和转子分箱装运的电动机，安装转子时，不可将吊绳绑在滑环、换向器或轴颈部分。

9）用 1000V 摇表测定电动机绝缘电阻值不应小于 0.5MΩ。100kW 以上的电动机，应测量各相直流电阻值，相互差不应大于最小值的 2%；无中性点引出的电动机，测量线间直流电阻值，相互差值不应大于最小值的 1%。

10）电动机的换向器或集电环应符合下列要求：

① 表面应光滑，无毛刺、黑斑、油垢。当换向器的表面不平程度达到 0.2mm 时，应进行车光。

② 换向器片间绝缘应凹下 0.5 ~ 1.5mm，整流片与绕组的焊接应良好。

11）电动机接线应牢固可靠，接线方式应与供电电压相符。

12）电动机安装后，应用手盘动数圈进行转动试验。

13）电动机外壳保护接地（或接零）必须良好。

第十三章 柴油发电机组安装

1. 机组基础

柴油发电机组的混凝土基础应符合柴油发电机组制造厂家的要求，基础上安装机组地脚螺栓孔，采用二次灌浆，其孔距尺寸应按机组外形安装图确定。基座的混凝土强度等级必须符合设计要求。

2. 机组就位

1）柴油发电机组就位之前，首先应对机组进行复查、调整和准备工作。

2）发电机组各联轴节的连接螺栓应紧固。机座地脚螺栓应紧固。安装时应检查主轴承盖、连杆、气缸体、贯穿螺栓、气缸盖等的螺栓与螺母的紧固情况，不应松动。

3）柴油机与发电机用联轴节连接时，其不同轴度应参考表 13-1 的要求。

表 13-1 整体安装的柴油机联轴节两轴的不同轴度

联轴节类型	联轴节外形最大直径/mm	两轴的不同轴度不应超过	
		径向位移/mm	倾斜
弹性联轴节	<300	0.05	0.20/1000
	≥300	0.10	
刚性联轴节		0.03	0.04/1000

4）所设置的仪表应完好齐全，位置应正确。操作系统的动作灵活可靠。

3. 调校机组

1）机组就位后，首先调整机组的水平度，找正找平，紧固地脚螺栓牢固、可靠，并应设有防松动措施。柴油发电机组的水平度一般不应超过 0.05/1000，机组连接螺栓拧紧后，柴油机组的水平度仍应在 0.05/1000 范围内。

2）调校油路、传动系统、发电系统（电流、电压、频率）、控制系统等。

3）发电机、发电机的励磁系统、发电机控制箱调试数据，应符合设计要求和技术标准的规定。

4. 安装地线

1）发电机中性线（工作零线）应与接地母线引出线直接连接，螺栓防松动装置齐全，有接地标识。

2）发电机本体和机械部分的可接近导体均应保护接地（PE）或接地线（PEN），且有标识。

5. 安装机组附属设备

发电机控制箱（屏）是同步发电机组的配套设备，主要是控制发电机送电及调压。小容量发电机的控制箱一般（经减振器）直接安装在机组上，大容量发电机的控制屏，则固定在机房的地面上，或安装在与机组隔离的控制室内。

开关箱（屏）或励磁箱，各生产厂家的开关箱（屏）种类较多，型号不一，一般500kW 以下的机组有柴油发电机组相应的配套控制箱（屏），500kW 以上机组，可向机组厂家提出控制屏的特殊订货要求。

6. 机组接线

1）发电机及控制箱接线应正确可靠。馈电出线两端的相序必须与电源原供电系统的相序一致。

2）发电机随机的配电柜和控制柜接线应正确无误，所有紧固件应紧固牢固，无遗漏脱落。开关、保护装置的型号、规格必须符合设计要求。

7. 机组检测

1）柴油发电机的试验必须符合设计要求和相关技术标准的规定。

2）发电机的试验必须符合有关标准的规定。

3）发电机至配电柜的馈电线路其相间、相对地间的绝缘电阻值大于 $0.5M\Omega$。塑料绝缘电缆出线，其直流耐压试验为 2.4kV，时间 15min，泄漏电流稳定，无击穿现象。

8. 试运行

1）柴油机的废气可用外接排气管引至室外，引出管不宜过长，管路转弯不宜过急，弯头不宜多于 3 个。外接排气管内径应符合设计技术文件规定，一般非增压柴油机不小于75mm，增压型柴油机不小于90mm，增压柴油机的排气背压不得超过6kPa（600mmH$_2$O），排气温度约450℃，排气管的走向应能够防火，安装时应特别注意。调试运行中要对上述要求进行核查。

2）受电侧的开关设备、自动或手动切换装置和保护装置等试验合格，应按设计的使用分配方案，进行负荷试验，机组和电气装置连续运行 12h 无故障，方可做交接验收。

第十四章 不间断电源安装

1. 实际案例展示

2. 设备开箱检查

1）设备开箱检查应由建设单位、监理单位、供货单位及施工单位代表共同进行，并做好开箱检查记录。

2）按照设备清单核对设备及零备件，应符合图样要求，完好无损。制造厂的有关技术文件齐全。

3）设备、附件的型号、规格必须符合设计要求，附件应齐全，部件完好无损。

4）蓄电池外观质量检查。蓄电池应符合以下要求：外形无变形，外壳无裂纹、损伤，槽盖板应密封良好。正、负端柱必须极性正确。防酸栓、催化栓等配件应齐全无损伤。滤气帽的通气性能良好。

3. 母线、电缆及台架安装

1）母线、电缆安装，应符合设计要求：

① 配电室内的母线支架应符合设计要求。支架（吊架）以及绝缘子铁脚均应做防腐处理涂刷耐酸涂料。

② 引出电缆敷设应符合设计要求。宜采用塑料护套电缆带标明正、负极性。正极为赭色，负极为蓝色。

③ 所采用的套管和预留洞处，均应用耐酸、碱材料密封。

④ 母线安装除应符合相关规定外，还应在连接处涂电力复合脂和防腐处理。

2）机架安装，应符合以下要求：

① 机架的型号、规格和材质应符合设计要求。其数量间距应符合设计要求。

② 高压蓄电池架，应用绝缘子或绝缘垫与地面绝缘。

③ 安放不间断电源的机架组装应平整、不得歪斜，水平度、垂直度允许偏差不应大于

1.5‰，紧固件齐全。

④ 机架安装应做好接地线的连接。

⑤ 机架有单层架和双层架，每层上安装又有单列、双列之分，在施工过程中可根据不间断电源的容量及外形尺寸进行调整。

⑥ 不间断电源采用铅酸蓄电池时，其角钢与电源接触部分衬垫 2mm 厚耐酸软橡胶，钢材必须刷防酸漆；埋在机架内的桩柱定位后用沥青浇灌预留孔。

⑦ 不间断电源采用镉镍蓄电池和全密封铅酸电池时，机架不需做防酸处理。

4. 不间断电源安装

1）不间断电源安装应按设计图样及有关技术文件进行施工。

2）不间断电源安装应平稳，间距均匀，同一排列的不间断电源应高低一致、排列整齐。

3）引入或引出备用和不间断电源装置的主回路电线、电缆和控制电线、电缆应分别穿保护管敷设，在电缆支架上平行敷设应保持150mm 的距离。电线、电缆的屏蔽护套接地连接可靠，与接地午线就近连接，紧固件齐全。

4）不间断电源接线时严禁将金属线短接，极性正确，以免不慎将电池短路，造成因大电流放电报废。

5）不间断电源输出端的中性线（N 极），必须与由接地装置直接引来的接地干线相连接，做重复接地。不间断电源装置的可接近裸露导体接地（PE）或接零（PEN）可靠，且有标识。

6）应有防振技术措施，并应牢固可靠。

7）温度计、液面线应放在易于检查一侧。

8）由于不间断电源运行时，其输入输出线路的中线电流约为相线电流的 1.8 倍以上，安装时应检查中线截面，如发现中线截面小于相线截面时，应并联一条中线，防止因中线大电流引起事故。

9）不间断电源本机电源应采用专用插座，插座必须使用说明书中指定的熔丝。

10）蓄电池组的安装：

① 采用架装的蓄电池。

② 新旧蓄电池不得混用；存放超过三个月的蓄电池必须进行补充充电。

③ 安装时必须避免短路，并使用绝缘工具、戴绝缘手套，严防电击。

④ 按规定的串并联线路连接列间、层间、面板端子的电池连线，应非常注意正负极性，在满足截面要求的前提下，引出线应尽量短；并联的电池组各组到负载的电缆应等长，以利于电池充放电时各组电池的电流均衡。

⑤ 电池的连接螺栓必须紧固，但应防止拧紧力过大损坏极柱。

⑥ 再次检查系统电压和电池的正负极方向，确保安装正确，并用肥皂水和软布清洁蓄电池表面和接线。

⑦ UPS 与蓄电池之间应设手动开关。

5. 配液、充放电

1）配液前应符合以下要求：

① 硫酸应是蓄电池专用电解液硫酸，并应有产品出厂合格证。

② 蒸馏水应符合国家现行技术标准要求。

③ 蓄电池槽内应清理干净。

④ 做好充电电源的准备工作，确保电源可靠供电。

⑤ 准备好配液用器具、测试设备及劳保用品。

2）调配电解液：

① 调配电解液时，将蒸馏水放到已准备好的配液容器中，然后将浓硫酸缓慢的倒入蒸馏水中，同时用玻璃棒搅拌以便混合均匀，迅速散热；严禁将蒸馏水往硫酸里倒，以防发生剧烈爆炸。

② 电解液调配好的密度应符合产品说明书的技术规定。

③ 注入蓄电池的电解液，其温度不宜高于 30℃，当室温高于 30℃ 时，不得高于室温。注入液面高低度应在高低液面线之间。

④ 固定型开口式蓄电池隔板在注入电解液前 24h 内插入，注入电解液应高出隔板上部 10～20mm。

3）充电：

① 蓄电池充电要在电解液注入 3～5h（一般不宜超过 12h）、液温低于 30℃ 以下进行，充电时液温不宜高于 45℃。

② 防酸隔爆式铅蓄电池的防酸隔爆栓在注酸完毕后装好，防止充电时酸气大量外泄。

③ 蓄电池在充电时要严格按技术标准要求进行。

④ 蓄电池充电符合下列条件可认为已充足：

A. 在正、负极板上发生强烈气泡。

B. 电解液的密度增加到产品说明规定值，一般为 1.20～1.21（温度为 +15℃ 时）而 3h 内保持不变。

C. 每个电池的电压增加到 2.5～2.75V，而且 3h 内保持不变。

D. 极板的颜色正极板变成褐红或暗褐色，负极板变成灰色。

⑤ 充电结束后，电解液的密度、液面高度需调整时，调后再进行 0.5h 的充电。

4）放电：

① 蓄电池的放电应按技术标准规定的要求进行，不应过放。

② 蓄电池具有以下特征时符合放电已完成的要求：

A. 电池电压降至 1.8V。

B. 极板的颜色，正极板为褐色，负极板发黑。

C. 电解液的密度，一般降至 1.17～1.15。

③ 温度在 25℃ 时，放电容量应达到额定容量的 85% 以上。当温度不在 25℃ 时，其容量可按下式换算：

$$C_{25} = \frac{C_1}{1 + 0.008(t - 25)}$$

式中　t——放电过程中，电解液平均温度（℃）；

　　C_1——在液温为 t℃ 时实际测得容量（A·h）；

　　C_{25}——换算成标准温度（25℃）时的容量（A·h）；

　0.008——容量温度系数。

5）蓄电池放电后应立即充电，间隔不宜超过 10h。

6）充放电全过程，按规定时间做好电压、电流、密度、温度记录及绘制充放电特性曲线图。

7）碱性蓄电池充放电：

① 碱性蓄电池配液及充放电要按产品说明书和有关技术资料进行。

② 电解液的注入：

A. 清洗电池，擦去油污。

B. 注入电解液需用玻璃漏斗或瓷漏斗。注入后 2h 进行电压测量，如测不出可等 8 ~ 10h，再测一次。还测不出电压或电压过低，说明电池已坏，需更换电池。

C. 电解液注入后 2h 还要检查液面高度，液面必须高出极板 10 ~ 15mm。

D. 在电解液中注入少量的火油或凡士林油，使其漂浮在液面上，隔绝空气，防止空气中二氧化碳与电解液接触。

③ 充放电：

A. 碱性蓄电池的充、放电应按说明书的要求进行。

B. 如果没有注明，充、放电电流可按以下方法计算：电池的额定容量除以 4（或乘以 25%），即额定容量为 100A · h 的蓄电池可用 25A 进行充电。

C. 镉镍蓄电池充电先用正常充电电流充 6h，1/2 正常充电电流继续充 6h，接着用 8h 放电率放电 4h，如此循环，充、放电要进行 3 次。

D. 对铁镍蓄电池用正常充电电流充 12h，再用 8h 率放电，当两极电压降压 1.1V 时，再用 12h 率（1/3 正常充电电流）充电一次。

第十五章 裸母线、封闭母线、插接式母线安装

第一节 裸母线安装

1. 放线检查测量

1）进入现场后首先依据图样进行检查，根据母线沿墙、跨柱、沿梁及屋架敷设的不同情况，核对是否与图样相符。

2）核对检查母线敷设全方向有无障碍物，有无与建筑结构、设备、管道、通风等其他安装部件相互交叉矛盾的地方。

3）配电柜内安装的母线，还要测量其与设备上其他部件安全距离是否符合要求。

4）检查预留孔洞、预埋铁件的尺寸、标高、方位，是否符合要求。

5）放线测量出各段母线加工尺寸、支架尺寸，并划出支架安装距离及剔洞或固定件安装位置。

6）检查脚手架是否安全及符合操作要求。

2. 支架制作安装

1）按图样尺寸加工各种支架。支架采用∟50×50×5角钢制作，用M10膨胀螺栓固定在墙上。

2）支架安装距离，当裸母线为水平敷设时，不超过3m，垂直敷设时不超过2m。支架距离要均匀一致，两支架间距离偏差不得大于50mm。

3. 绝缘子安装

1）母线绝缘子安装前应进行检查，外观无裂纹、缺损现象，绝缘子灌注的螺栓、螺母结合牢固。安装前应测量绝缘电阻，大于1MΩ为合格。6～10kV支柱绝缘子安装还应做交流耐压试验。

2）无底座和顶帽的内胶装式低压绝缘子与金属固定件的接触面之间应垫以厚度不小于1.5mm的橡胶或石棉板等缓冲垫圈。

3）绝缘子夹板、卡板的安装要紧固，夹板、卡板的制作规格要与母线的规格相适配。

4）安装在同一平面或垂直面上的支柱绝缘子应位于同一平面上；其中心线位置应符合设计要求。母线直线段的支柱绝缘子的安装中心线应处在同一直线上。

4. 母线的加工

1）母线矫直：母线应矫正平直。对弯曲不平的母线采用母线矫直器或人工矫直。人工

矫直时，先选一段表面平直、光滑、洁净的大型槽钢或工字钢，将母线放在钢材表面上用木锤进行矫直。

2）母线下料：可使用手锯或砂轮锯进行作业，严禁用气焊进行切割。下料时根据母线来料长度合理切割，切断面应平整，下料时母线要留有适当裕量，避免弯曲时产生误差，造成整根母线报废。

3）母线弯曲：母线的弯曲采用专用工具（母线煨弯器）冷煨，弯曲处不得有裂纹及显著的皱折，不得进行热弯。母线开始弯曲处距母线连接位置不应小于50mm。母线扭弯、扭转部分的长度不得小于母线宽度的2.5～5倍（图15-1），母线平弯及立弯的弯曲半径不得小于表15-1的规定。

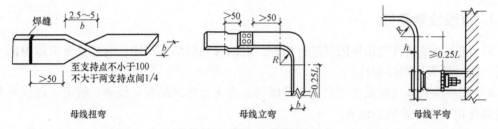

母线扭弯　　　　　母线立弯　　　　　母线平弯

图15-1　母线弯曲示意图

表15-1　矩形母线最小弯曲半径（R）值

弯曲方式	母线断面尺寸/mm	最小弯曲半径/mm		
		铜	铝	钢
平　弯	50×5 及其以下	2h	2h	2h
	125×10 及其以下	2h	2.5h	2h
立　弯	50×5 及其以下	1b	1.5b	0.5b
	125×10 及其以下	1.5b	2b	1b

5. 母线的连接

母线的连接可采用焊接或搭接两种方式。

（1）焊接

1）焊接位置：焊缝距离弯曲点或支持绝缘子边缘不得小于50mm，同一相如有多片母线，其焊缝应相互错开50mm以上。

2）焊接前应将母线坡口两侧表面各50mm范围内清刷干净，不得有氧化膜、水分和油污；坡口加工面应无毛刺和飞边。

3）焊接前对口应平直，其弯折偏移不应大于0.2%，中心线偏移不应大于0.5mm。对口焊接的母线，宜有35°～40°的坡口，1.5～2mm的钝边。

4）铝及铝合金母线的焊接采用氩弧焊。

5）每个焊缝应一次焊完，除瞬间断弧外不得停焊，母线焊完未冷却前，不得移动或受力。焊缝对口平直，不得错口，必须双面焊接，焊缝应凸起呈弧形，母线对接焊缝的上部应有2～4mm的加强高度。引下线母线采用搭接焊时，焊缝的长度不应小于母线宽度的两倍。焊接接头表面应无肉眼可见的裂纹、凹陷、夹渣、气孔、未焊透及咬肉缺陷。

（2）搭接

1）矩形母线的搭接连接符合要求。

2）矩形母线采用螺栓固定搭接时，连接处距支柱绝缘子的支持夹板边缘不应小于50mm，上片母线端头与下片母线平弯起始处的距离不应小于50mm。

3）螺栓规格与母线规格有关，螺栓、平垫圈及弹簧垫必须采用镀锌件，螺栓长度应考虑在螺栓紧固后螺纹能露出螺母外5～8mm。母线接头螺孔的直径宜大于螺栓直径1mm；钻孔前，先在连接部位，按规定画好孔位中心线并冲眼，钻孔应垂直，不歪斜，螺孔中心距离的误差应为±0.5mm。

4）母线接触面保持清洁，涂电力复合脂，螺栓孔周边无毛刺。连接螺栓两侧有平垫圈，相邻垫圈间有大于3mm的间隙，螺母侧装有弹簧垫圈或锁紧螺母。螺栓受力均匀，不使电器的接线端子受额外应力。

5）母线与母线、母线与电器接线端子搭接，搭接面的处理应符合下列规定：

铜与铜：室外、高温且潮湿的室内，搭接面搪锡，干燥的室内，不搪锡。

铝与铝：搭接面不做涂层处理。

钢与钢：搭接面搪锡或镀锌。

铜与铝：在干燥的室内，铜导体搭接面搪锡；在潮湿的场所，铜导体搭接面搪锡，且采用铜铝过渡板与铝导体连接。

钢与铜或铝：钢搭接面搪锡。

6）母线的接触面应连接紧密，连接螺栓应用力矩扳手紧固，其紧固力矩值见有关标准。

6. 母线的安装

1）母线安装应平整美观，且符合下列要求：

水平段：两支持点高度误差不大于3mm，全长不大于10mm。

垂直段：两支持点垂直误差不大于2mm，全长不大于5mm。

间距：平行部分间距应均匀一致，误差不大于5mm。

2）母线在绝缘子上安装应符合下列规定：

① 金具与绝缘子间的固定平整牢固，不使母线受额外应力。

② 交流母线的固定金具或其他支持金具不形成闭合铁磁回路。

③ 除固定点外，当母线平置时，母线支持夹板的上部压板与母线间有1～1.5mm的间隙，当母线立置时，上部压板与母线间有1.5～2mm的间隙。

④ 母线的固定点，每段设置1个，设置于全长或两母线伸缩节的中点。

⑤ 母线采用螺栓搭接时，连接处距绝缘子的支持夹板边缘不小于50mm。

3）室内裸母线的最小安全净距应符合有关标准的要求。

4）母线支持点的间距，对低压母线不得大于900mm，对高压母线不得大于1200mm。低压母线垂直安装且支持点间距无法满足要求时，应加装母线绝缘夹板。母线在支持点的固定：水平安装的母线应采用开口元宝卡子，垂直安装的母线应采用母线夹板。母线只允许在垂直部分的中部夹紧在一对夹板上，同一垂直部分其余的夹板和母线之间应留有1.5～2mm的间隙。

5）母线过墙时采用穿墙隔板，其安装做法如图 15-2 所示。

7. 检查送电

1）母线安装完后，应进行下列检查：

① 金属构件加工、配制、螺栓连接、焊接等应符合国家标准的有关规定。

② 所有螺栓、垫圈、闭口销、锁紧销、弹簧垫圈、锁紧螺母等应齐全、可靠。

③ 母线配制及安装架设应

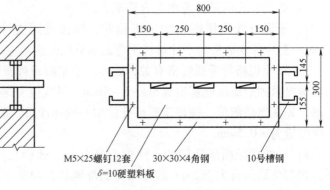

M5×25螺钉12套　　30×30×4角钢　　10号槽钢
δ=10硬塑料板

图 15-2　穿墙隔板安装做法

符合设计规定，且连接正确，螺栓紧固，接触可靠；相间及对地电气距离应符合要求。

④ 瓷件应完整、清洁；铁件和瓷件胶合处均应完整无损，充油套管应无渗油、油位应正常。

⑤ 油漆应完好，相色正确，接地良好。

2）母线送电前应进行耐压试验，高压母线交流工频耐压试验必须符合现行国家标准《电气装置安装工程电气设备交接试验标准》（GB 50150）的规定，低压母线相间和相对地间的绝缘电阻值应大于 0.5MΩ，交流工频耐压试验电压为 1kV。当绝缘电阻值大于 10MΩ时，可采用 2500V 兆欧表摇测替代，试验持续时间 1min，无击穿闪络现象。

3）母线送电要有专人负责，送电程序应为先高压、后低压；先干线，后支线；先隔离开关后负荷开关。停电时与上述顺序相反。

4）车间母线送电前应先挂好有电标志牌，并通知有关单位及人员，送电后应有指示灯。

第二节　封闭母线、插接式母线安装

1. 实际案例展示

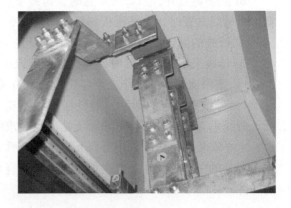

2. 设备开箱清点检查

1）设备开箱清点检查，应由建设单位代表、监理单位代表、供货商及施工单位共同进行并做好记录。

2）母线分段标志清晰齐全，外观无损伤变形，内部无损伤，母线螺栓固定搭截面应平整，其镀银无麻面、起皮及未覆盖部分，绝缘电阻符合设计要求。

3）根据母线排列图和装箱单，检查封闭插接母线、进线箱、插接开关箱及附件，其规格、数量应符合要求。

3. 支架制作

若供应商未提供配套支架或配套支架不适合现场安装时，应根据设计和产品文件规定进行支架制作。具体要求如下：

1）根据施工现场的结构类型，支吊架应采用角钢、槽钢或圆钢制作，可采用"—""L""T""凵"等形式。

2）支架应用切割机下料，加工尺寸最大误差为5mm。用台钻、手电钻钻孔，严禁用气割开孔扩孔，孔径不得超过螺栓直径2mm。

3）吊杆螺纹应用套丝机或套丝板加工，不得有断丝。

4）支架及吊架制作完毕，应除去焊渣，并刷防锈漆和面漆。

4. 支架安装

1）支架和吊架安装时必须拉线或吊线锤，以保证成排支架或吊架的横平竖直，并按规定间距设置支架和吊架。

2）母线的拐弯处以及与配电箱、柜连接处必须安装支架，直线段支架间距不应大于2m，支架和吊架必须安装牢固。

3）母线垂直敷设支架：在每层楼板上，每条母线应安装2个槽钢支架，一端埋入墙内，另一端用膨胀螺栓固定于楼板上。当上下两层槽钢支架超过2m时，在墙上安装"—"字形角钢支架，角钢支架用膨胀螺栓固定于墙上。

4）母线水平敷设支架：可采用"凵"形吊架或T形支架，用膨胀螺栓固定在顶板上或墙板上。

5）膨胀螺栓固定支架不少于两条。一个吊架应用两根吊杆，固定牢固，螺纹外露2~4扣，膨胀螺栓应加平垫和弹簧垫，吊架应用双螺母夹紧。

6）支架及支架与埋件焊接处刷防腐漆应均匀，无漏刷，不污染建筑物。

5. 封闭、插接母线安装

1）按照母线排列图，将各节母线、插接开关箱、进线箱运至各安装地点。

2）安装前应逐节摇测母线的绝缘电阻，电阻值不得小于10MΩ。

3）按母线排列图，从起始端（或电气竖井入口处）开始向上、向前安装。

4）母线槽在插接母线组装中要根据其部位进行选择：L形水平弯头应用于平卧、水平安装的转弯，也应用于垂直安装与侧卧水平安装的过渡。L形垂直弯头应用于侧卧安装的转弯，也应用于垂直安装与平卧安装之间的过渡。T 形垂直弯头应用于侧卧安装的转弯，也应用于垂直安装与平卧安装之间的过渡。Z 形水平弯头应用于母线平卧安装的转弯。Z 形垂直弯头应用于母线侧卧安装的转弯，变压器母线槽应用于大容量母线槽向小容量母线槽的过渡。

5）母线垂直安装。

① 在穿越楼板预留洞处先测量好位置，用螺栓将两根角钢支架与母线连接好，再用供应商配套的螺栓套上防振弹簧、垫片，拧紧螺母固定在槽钢支架上（弹簧支架组数由供应商根据母线形式和容量规定）。

② 用水平压板以及螺栓、螺母、平垫片、弹簧垫圈将母线固定在"一"字形角钢支架上，然后逐节向上安装，要保证母线的垂直度（应用磁力线锤挂垂线）。在终端处加盖板，用螺栓紧固。

6）母线槽水平安装。

① 水平平卧安装用水平压板及螺栓、螺母、平垫片、弹簧垫圈将母线（平卧）固定于"凵"形角钢吊支架上。

② 水平侧卧安装用侧装压板及螺栓、螺母、平垫片、弹簧垫圈将母线（侧卧）固定于"凵"形角钢支架上。水平安装母线时要保证母线的水平度，在终端加终端盖并用螺栓紧固。

7）母线的连接。

① 当段与段连接时，两相邻段母线及外壳对准，连接后不使母线及外壳受额外应力。连接时将母线的小头插入另一节母线的大头中去，在母线间及母线外侧垫上配套的绝缘板，再穿上绝缘螺栓加平垫片。加弹簧垫圈，然后拧上螺母，用力矩扳手紧固，达到规定力矩即可，最后固定好上下盖板。

② 母线连接用绝缘螺栓连接。

③ 母线槽连接好后，其外壳即已连接成为一个接地干线，将进线母线槽、分线开关线外壳上的接地螺栓与母线槽外壳之间用 $16mm^2$ 软铜线连接好。

8）封闭式母线穿越防火墙、防火楼板时，应采取防火隔离措施。

9）橡胶伸缩套的连接头、穿墙处的连接法兰、外壳与底座之间、外壳各连接部位的螺栓应采用力矩扳手紧固，各接合面应密封良好。

10）外壳的相间短路板应位置正确，连接良好，相间支撑板应安装牢固，分段绝缘的外壳应做好绝缘措施。

11）插接式母线的端头应装封闭罩，引出线孔的盖子应完整。各段母线外壳的连接应是可拆的，外壳之间应有跨接线，并应接地可靠。

第十六章　电缆桥架安装和桥架内敷设

第一节　电缆桥架安装

1. 实际案例展示

2. 弹线定位

1）根据图样确定始端到终端，找好水平或垂直线，用粉线袋沿墙壁、顶棚和模板等处，在线路的中心线进行弹线。

2）按设计图的要求，分匀档距并用笔标出具体位置。

3. 预埋铁或膨胀螺栓

1）预埋铁的自制加工尺寸不应小于 $120mm \times 60mm \times 6mm$，其锚固圆钢的直径不应小于 $8mm$。

2）紧密配合土建结构的施工，将预埋铁的平面放在钢筋网片下面，紧贴模板，可以采用绑扎或焊接的方法将锚固圆钢固定在钢筋网上。模板拆除后，预埋铁的平面应明露或吃进深度一般在 $2 \sim 3cm$，再将成品支架或角钢制成的支架、吊架焊在上面固定。

3）根据支架承受的荷重，选择相应的膨胀螺栓及钻头。埋好螺栓后，可用螺母配上相应的垫圈将支架或吊架直接固定在金属膨胀螺栓上。

4. 支、吊架安装

1）支架与吊架所用钢材应平直，无显著扭曲。下料后长短偏差应在 $5mm$ 范围内，切口处应无卷边、毛刺。

2）钢支架与吊架应焊接牢固，无显著变形，焊缝均匀平整，焊缝长度应符合要求，不得出现裂纹、咬边、气孔、凹陷、漏焊等缺陷。

3）支架与吊架应安装牢固，保证横平竖直，在有坡度的建筑物上安装支架与吊架应与建筑物有相同坡度。

4）支架与吊架的规格一般不应小于扁钢 30mm×3mm；角钢 25mm×25mm×3mm。

5）严禁用电气焊切割钢结构或轻钢龙骨任何部位。

6）万能吊具应采用定型产品，并应有各自独立的吊装卡具或支撑系统。

7）固定支点间距一般不应大于 1.5～2m。在进出接线盒、箱、柜、转角、转弯和变形缝两端及丁字接头的三端 500mm 以内应设固定支持点。

8）严禁用木砖固定支架与吊架。

5. 桥架安装

1）电缆桥架水平敷设时，支撑跨距一般为 1.5～3m，电缆桥架垂直敷设时，固定点间距不宜大于 2m。桥架弯通弯曲半径不大于 300mm 时，应在距弯曲段与直线段结合处 300～600mm 的直线段侧设置一个支、吊架。当弯曲半径大于 300mm 时，还应在弯通中部增设一个支、吊架。

2）电缆桥架在电缆沟和电缆隧道内安装：电缆桥架在电缆沟和电缆隧道内安装，应使用托臂固定在异型钢单立柱上，支持电缆桥架。电缆隧道内异型钢立柱与 120mm×120mm×240mm 预制混凝土砌块内埋件焊接固定，焊角高度为 3mm，电缆沟内异型钢立柱可以用固定板安装，也可以用膨胀螺栓固定。

3）由桥架引出的配管应使用钢管，当桥架需要开孔时，应用开孔机开孔，开孔处应切口整齐，管孔径吻合，严禁用气、电焊割孔。钢管与桥架连接时，应使用管接头固定。

4）桥架的支、吊架沿桥架走向左右的偏差不应大于 10mm。

5）当直线段钢制桥架超过 30m，铝合金或玻璃钢电缆桥架超过 15m，应有伸缩缝，其连接宜采用伸缩连接板（伸缩板）。

6）电缆桥架在穿过防火墙及防火楼板时，应采取防火隔离措施，防止火灾沿线路延燃。防火隔离段施工中，应配合土建施工预留洞口，在洞口处预埋好护边角钢。施工时根据电缆敷设的根数和层数用 50mm×50mm×5mm 角钢制作固定框，同时将固定框焊在护边角钢上。

6. 保护地线安装

当允许利用桥架系统构成接地干线回路时，应符合下列要求：

1）桥架端部之间连接电阻值不应过大。接地孔应清除绝缘涂层。

2）在伸缩缝或软连接处需采用编制铜线连接。沿桥架全长另敷设接地干线时，每段（包括非直线段）托盘、梯架应至少有一点与接地干线可靠连接。

第二节　桥架内电缆敷设

1. 实际案例展示

2. 施工要点

1）电缆绝缘测试和耐压试验：敷设之前进行绝缘测试和耐压试验。

① 绝缘测试。用 1kV 绝缘电阻表测线间及对地的绝缘电阻应不低于 10MΩ。

② 电缆应做耐压和泄漏试验。

③ 纸绝缘电缆应检查芯线是否受潮。首先，将芯线绝缘纸剥下一块，用火点着，如发出叭叭声音，即电缆已受潮。

④ 受检油浸纸绝缘电缆应立即用焊料（铅锡合金）把电缆头封好。其他电缆用橡胶布密封后再用黑布包好，橡塑护套电缆应有防晒措施。

2）施放电缆机具安装。采用机械施放时，将动力机械按施放要求就位，并安装好钢丝。

3）电缆搬运及支架架设，应符合以下要求：

① 短距离搬运，常规采用滚轮电缆轴的方法。运行应按电缆轴上箭头指示方向运作。以防作业错误造成电缆松弛。

② 电缆支架的架设地点应选择土质密实的原土层的地坪上和便于施工的位置，一般应在电缆起止点附近为宜。架设后，应检查电缆轴的转动方向，电缆引出端应位于电缆轴的上方。

4）桥架内电缆敷设：

① 敷设方法可用人力或机械牵引。

② 电缆沿桥架敷设时，应单层敷设，排列整齐。不得有交叉，拐弯处应以最大截面电缆允许弯曲半径为准。

③ 不同等级电压的电缆应分层敷设，高压电缆应敷设在上层。

④ 电缆穿过楼板时，应装套管，敷设完后应将套管用防火材料封堵严密。

5）挂标志牌：

① 标志牌规格应一致，并有防腐功能，挂装应牢固。

② 标志牌上应注明电缆编号、规格、型号及电压等级。

③ 沿桥架敷设电缆在其两端、拐弯处、交叉处应挂标志牌，直线段应适当增设标志牌。

第十七章　电缆沟内和电缆竖井内电缆敷设

第一节　电缆沟内电缆敷设

1. 实际案例展示

2. 施工要点

1）电缆沟底应平整，并有1‰的坡度。排水方式应按分段（每段为50m）设置集水井，集水井盖板结构应符合设计要求。井底铺设的卵石或碎石层与砂层的厚度应依据地点的情况适当增减。地下水位高的情况下，集水井应设置排水泵排水，保持沟底无积水。

2）电缆沟支架应平直，安装应牢固，保持横平。支架必须做防腐处理。支架或支持点的间距，应符合设计要求。

3）电缆支架层间的最小垂直净距：10kV及以下电力电缆为150mm，控制电缆为100mm。

4）电缆在支架敷设的排列，应符合以下要求：

① 电力电缆和控制电缆应分开排列。

② 当电力电缆与控制电缆敷设在同一侧支架上时，应将控制电缆放在电力电缆下面，1kV及以下电力电缆应放在1kV以上电缆的下面（充油电缆应例外）。

③ 电缆与支架之间应用衬垫橡胶垫隔开，以保护电缆。

5）电缆在沟内需要穿越墙壁或楼板时，应穿钢管保护。

6）电缆敷设完后，用电缆沟盖板将电缆沟盖好，必要时，应将盖板缝隙密封，以免水、汽、油等侵入。

第二节　电缆竖井内电缆敷设

1. 实际案例展示

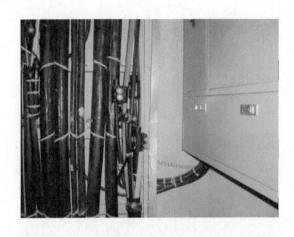

2. 施工要点

1）竖井有砌筑式和组装结构竖井（钢筋混凝土预制结构或钢结构）。其垂直偏差不应大于其长度的 2/1000；支架横撑的水平误差不应大于其宽度的 2/1000；竖井对角线角的偏差不应大于其对角线长度的 5/1000。

2）电缆支架应安装牢固，横平竖直。其支架的结构形式、固定方式应符合设计要求。支架必须进行防腐处理。支架（桥架）与地面保持垂直，垂直度偏差不应超过 3mm。

3）垂直敷设，有条件时最好自上而下敷设。可利用土建施工吊具，将电缆吊至楼层顶部。敷设时，同截面电缆应先敷设低层，后敷设高层，敷设时应有可靠的安全措施，特别是做好电缆轴和楼板的防滑措施。

4）自下而上敷设时，小截面电缆可用滑轮和尼龙绳以人力牵引敷设。大截面电缆位于高层时，应利用机械牵引敷设。

5）竖井支架距离应不大于 1500mm，沿桥架或托盘敷设时，每层最少架装两道卡固支架。敷设时，应放一根立即卡固一根。

6）电缆穿越楼板时，应装套管，并应将套管用防火材料封堵严密。

7）垂直敷设的电缆在每支架上或桥架上每隔 1.5m 处应加固定。

8）电缆排列应顺直，不应溢出线架（线槽），电缆应固定整齐，保持垂直。

9）支架、桥架必须按设计要求，做好全程接地处理。

第十八章　电线导管、电缆导管和线槽敷设

第一节　暗配管施工

1. 实际案例展示

2. 管子切断

1）配管前根据图样要求的实际尺寸将管线切断，大批量的管线切割时，可以采用型钢切割机，利用纤维增强砂轮片切割，操作时用力要均匀、平稳，不能过猛，以免砂轮崩裂。

2）小批量的钢管一般采用钢锯进行切断，将需切断的管子放在台虎钳的钳口内卡牢，注意切口位置与钳口距离应适宜，不能过长或过短，操作应准确。在锯管时锯条要与管子保持垂直，推锯时稍用力，但不能过猛，以免折断锯条，回锯时，稍抬锯条，尽量减少锯条的磨损，当管子快要断时，要减慢速度，使管子平稳锯断。

3）切断管子也可采用割管器，但使用割管器切断的管子，管口易产生内缩，缩小后的管口要用绞刀或锉刀刮（锉）光。

3. 套螺纹

1）套螺纹一般采用套丝板来进行。套螺纹时，先将管子固定在台虎钳或龙门压架上，钳紧。根据管子的外径选择好相应的板牙，将绞板轻轻套在管端，调整绞板的三个支承脚，使其紧贴管子，这样套螺纹时不会出现斜丝，调整好绞板后，手握绞板，平稳向里推，带上 2~3 扣后，再站到侧面按顺时针方向转动套丝板，开始时速度应放慢，套螺纹时应注意用力均匀，以免发生偏丝、啃丝的现象。螺纹即将套成时，轻轻松开板机，开机通板。

2）管径小于 $DN20$ 的管子应分两板套成，管径大于等于 $DN25$ 的管子应分三板套成。

3）进入盒（箱）的管子其螺纹长度不宜小于管外径的 1.5 倍，管路间连接时，螺纹长度一般为管箍长度的 1/2 加 2~4 扣，需要退丝连接的螺纹长度为管箍的长度加 2~4 扣。

4. 煨管

1）管径在 $DN25$ 及其以上的管子应使用液压煨管器，根据管线需煨成的弧度选择相应的模具，将管子放入模具内，使管子的起弯点对准煨管器的起弯点，然后拧紧夹具，煨出所需的弯度。煨弯时使管外径与弯管模具紧贴，以免出现凹瘪现象。

2）管径小于 $DN25$ 的管子，可用手扳煨管器煨弯。手扳煨管器的大小应根据管径的大小选择相适配的。在煨管过程中，用力不能太猛，各点的用力尽量均匀一致，且移动煨管器的距离不能太大。

3）焊接钢管也可采用热煨法。煨管前将管子一端堵严，灌入事先已炒干的砂子，并随灌随敲打管壁，直到灌满时，然后将另一端堵严。煨管时将管子放在火上加热，烧红后煨出所需的角度，随煨随浇冷却液，热煨法应掌握好火候。管弯处无折皱、凹穴和裂缝等现象。

4）管路的弯扁度应不大于管外径的10%，弯曲角度不宜小于90°，弯曲处不可有折皱、凹穴和裂缝等现象。

5）暗配管时弯曲半径不应小于管外径的6倍，埋设于地下或混凝土楼板时，不应小于管外径的10倍。煨管时管子焊缝一般应放在管子弯曲方向的正、侧面交角的45°线上。

5. 管路连接

（1）管与盒的连接

1）在配管施工中，管与盒、箱的连接一般情况采用螺母连接。采用螺母连接的管子必须已套好螺纹，将套好螺纹的管端拧上锁紧螺母，插入与管外径相匹配的接线盒的敲落孔内，管线要与盒壁垂直，再在盒内的管端拧上锁紧螺母固定。应避免在左侧管线已带上锁紧螺母，而右侧管线未拧锁紧螺母。

2）带上锁母的管端在盒内露出锁紧螺母的螺纹应为2～4扣，不能过长或过短，如采用金属护口，在盒内可不用锁紧螺母，但入箱的管端必须加锁紧螺母。多根管线同时入箱时应注意其入箱部分的管端长度应一致，管口应平齐。

（2）管与管的连接

1）螺纹连接：螺纹连接的两根管应分别拧进管箍长度的1/2，并在管箍内吻合好，连接好的管子外露螺纹应为2～3扣，不应过长，需退丝连接的管线，其外露螺纹可相应增多，但也应在5～6扣。螺纹连接的管线应顺直，螺纹连接紧密，不能脱扣。

2）套管焊接：套管焊接的方法只可用于≥DN25管径的暗配厚壁管。套管的内径应与连接管的外径相吻合，其配合间隙以1～2mm为宜，不得过大或过小。套管的长度应为连接管外径的1.5～3倍，连接时应把连接管的对口处放在套管的中心处，连接管的管口应光滑、平齐，两根管对口相吻合。套管的管口应平齐并焊接牢固，不得有缝隙。

6. 管路敷设

1）现浇混凝土结构中管路敷设。

① 墙、柱内管路敷设：墙体内的配管应在两层钢筋网中沿最近的路径敷设，并沿钢筋内侧进行绑扎固定，绑扎间距不应大于1m，柱内管线应与柱主筋绑扎牢固。当线管穿过柱时，应适当加筋，以减少暗配管对结构的影响。柱内管路需与墙连接时，伸出柱外的短管不要过长，以免碰断。墙柱内的管线并行时，应注意其管间距不可小于25mm，管间距过小，会造成混凝土填充不饱满，从而影响土建的施工质量。管线穿外墙时应加套管保护，并做防水。

② 楼板内管路的敷设：现浇混凝土楼板内的管路敷设应在模板支好后、根据图样要求及土建放线进行画线定位，确定好管、盒的位置，待土建底筋绑好，而顶筋未铺时敷设盒、管，并加以固定。土建顶筋绑好后，应再检查管线的固定情况，并对盒进行封堵。在施工中

需注意，敷设于现浇混凝土楼板中的管子，其管径应不大于楼板混凝土厚度的1/2。由于楼板内的管线较多，所以施工时，应根据实际情况，分层、分段进行。先敷设好预埋于墙体等部位的管子，再连接与盒相连接的管线，最后连接中间的管线，并应先敷设带弯的管子再连接直管。并行的管子间距不应小于25mm，使管子周围能够充满混凝土，避免出现空洞。在敷设管线时，应注意避开土建所预留的洞。当管线需从盒顶进入时应注意管子煨弯不应过大，不能高出楼板顶筋，保护层厚度不小于50mm。

③ 梁内的管线敷设：管路的敷设应尽量避开梁。如不可避免时，注意以下要求：管线竖向穿梁时，应选择梁内受剪力、应力较小的部位穿过，当管线较多时需并排敷设，且管间的间距同样不应小于25mm，并应与土建协商适当加筋。管线横向穿时，也应选择从梁受剪力、应力较小的部位穿过，管线横向穿梁时，管线距底箱上侧的距离不小于50mm，且管接头尽量避免放于梁内。灯头盒需设置在梁内时，其管线顺梁敷设时，应沿梁的中部敷设，并可靠固定，管线可煨成90°的弯从灯头盒顶部的敲落孔进入，也可煨成鸭脖弯从灯头盒的侧面敲落孔进入。

2）垫层内管线敷设：需敷设于楼板混凝土垫层内的管线应注意其保护层的厚度不应小于15mm。所以其跨接地线应焊接在其侧面。当楼板上为炉渣垫层时，需沿管线铺设水泥砂浆进行防腐，管线应固定牢固后再打垫层。

3）地面内管线敷设。

① 管线在地面内敷设，应根据图样要求及土建测出的标高，确定管线的路径，进行配管。在配管时应注意尽量减少管线的接头，采用螺纹连接时，要缠麻抹铅油后拧紧接头，以防水气的侵蚀。如果管线敷设于土壤中，应先把土壤夯实，然后沿管路方向垫不小于50mm厚的小石块，管线敷好后，在管线周围浇筑素混凝土。将管线保护起来，其保护层厚度不应小于50mm。如果管线较多时，可在夯实的土壤上，沿管路敷设路线铺设混凝土打底，然后再敷设管路，再在管路周围用混凝土保护。保护层厚度同样不小于50mm。

② 地面内的管线使用金属地面出线盒时，盒口应与地面平齐，引出管与地面垂直。

③ 敷设的管线需露出地面时，其管口距地面的高度不应小于200mm。

④ 多根线管进入配电箱时，管线排列应整齐。如进入落地式配电箱，其管口应高于基础不小于50mm。

⑤ 线管与设备相连时，尽量将线管直接敷设至设备内，如果条件不允许直接进入设备，则在干燥环境下，可加软管引入设备，但管口应包紧密。如在室外或较潮湿的环境下，可在管口处加防水弯头。线管进设备时，不应穿过设备基础，如穿过设备基础则应加套管保护，套管的内径应不小于线管外径的2倍。

⑥ 管线敷设时应尽量避开采暖沟、电信管沟等各种管沟。如躲避不开时，应按实际情况与设计要求进行敷设。

4）空心砖墙内的管线敷设：施工时应与土建配合，在土建砌筑墙体前，根据现场放出的线，确定盒、箱的位置，并根据预留管位置确定管线路径，进行预制加工。准备工作做好后，将管线与盒、箱连接，并与预留管进行连接，管路连接好，可以开始砌墙，在砌墙时应调整盒、箱口与墙面的位置，使其符合设计及规范要求。管线经过部位的空心砖应改为普通砖立砌，或在管线周围浇一条混凝土带将管子保护起来，当多根管进箱时，应注意管口平齐、入箱长度小于5mm，且应用圆钢将管线固定好。空心砖墙内管线敷设应与土建配合好，避免在已砌好的墙体上进行剔凿。

5）加气混凝土砌块墙内管线敷设：施工时除配电箱应根据设计图样要求进行定位预埋外，其余管线的敷设应在墙体砌好后，根据土建放的线确定好盒（箱）的位置及管线所走的路径，然后进行剔凿，但应注意剔的洞、槽不得过大。剔槽的宽度应不大于管外径加15mm，槽深不小于管外径加15mm，管外侧的保护层厚度不应小于15mm，接好盒（箱）管路后用不小于M10的水泥砂浆进行填充，抹面保护。

6）在配管时应与土建施工配合，尽量避免剔凿，如果发生需剔凿墙面，敷设线管，需剔槽的深度、宽度应合适，不可过大、过小。管线敷设好后，应在槽内用管卡进行固定，再抹水泥砂浆。管卡数量应依据管径大小及管线长度而定，不需太多，以固定牢固为标准。

7）水平敷设管路加接线盒要求及垂直敷设管路加接线盒要求见表18-1及表18-2。

表 18-1　水平敷设管路加接线盒要求

管路弯曲个数	管线长度/m
无弯曲	<30
1	<20
2	<15
3	<8

表 18-2　垂直敷设管路加接线盒要求

管内导线截面/mm²	管线长度/m
<50	<30
>70 且 <95	<20
>120 且 <240	<18

7. 接地

1）管路应做整体接地连接，穿过建筑物变形缝时，应有接地补偿装置。如采用跨接方法连接，跨接地线两端焊接面不得小于该跨接线截面的6倍。焊缝均匀牢固，焊接处要清除药皮，刷防腐漆。跨接地线规格见表18-3。

表 18-3　跨接地线规格　　　　　　　　　（单位：mm）

管　径(DN)	圆　钢	扁　钢
15～25	φ5	—
32～38	φ6	—
50～63	φ10	25×3
≥70	φ8×2	(253)×2

2）卡接：镀锌钢管应用专用接地线卡连接，不得采用熔焊连接地线。

8. 管路防腐

1）暗配于混凝土中的管路可不做防腐。

2）在各种砖墙内敷设的管路，应在跨接地线的焊接部位，螺纹连接管线的外露螺纹部位及焊接钢管的焊接部位，刷防腐漆。

3）焦渣层内的管路应在管线周围打50mm的混凝土保护层进行保护。

4）直埋入土中的钢管也需用混凝土保护，如不采用混凝土保护时，可刷墙漆进行保护。

5）埋入有腐蚀性或潮湿土中的管线，如为镀锌管螺纹连接，应在丝头处抹铅油缠麻，然后拧紧丝头。如为非镀锌管件，应涮沥青油后缠麻，然后再刷一道沥青油。

9. 配管与其他管道间的距离

电气配管在敷设中还应注意与其他管道之间的安全距离，见表18-4。

表 18-4　电气线路与管道间最小距离　　　（单位：mm）

管道名称	配线方式		穿管配线	绝缘导线明配线	裸导线配线
蒸汽管	平行	管道上	1000	1000	1500
		管道下	500	500	1500
	交叉		300	300	1500
暖气管、热水管	平行	管道上	300	300	1500
		管道下	200	200	1500
	交叉		100	100	1500
通风、给水排水及压缩空气管	平行		100	200	1500
	交叉		50	100	1500

注：1. 对蒸汽管道，当在管外包隔热层后，上下平行距离可减至200mm。

　　2. 暖气管、热水管应设隔热层。

　　3. 对裸导线，应在裸导线处加装保护网。

配管与煤气管道间的关系应为当配管与煤气管在同一平面内，间距应不小于50mm，在不同平面内间距不小于20mm，配电盘、箱与煤气管的间距要大于300mm，电气开关、接头距煤气管要大于150mm。

10. 管路补偿

管路在通过建筑物的变形缝时，应加装管路补偿装置。管路补偿装置是在变形缝的两侧对称预埋一个接线盒，用一根短管将两接线盒相邻面连接起来，短管的一端与一个盒子固定牢固，另一端伸入另一盒内，且此盒上的相应位置的孔要开长孔，长孔的长度不小于管径的2倍。如果该补偿装置在同一轴线墙体上，则可有拐角箱作为补偿装置，如不在同一轴线上则可用直筒式接线箱进行补偿。

第二节　明配管安装

1. 实际案例展示

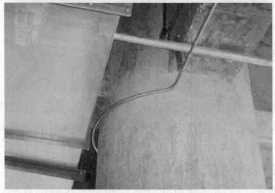

　　根据设计图加工支架、吊架、抱箍等铁件以及各种盒、箱、弯管。敷设工艺与暗配管敷设工艺相同处见相关部分。易爆等场所敷管，应按设计和有关防爆规程施工。

2. 管弯、支架、吊架预制加工

　　明配管弯曲半径一般不小于管外径 6 倍。如有一个弯时，可不小于管外径的 4 倍。加工方法可采用冷煨法和热煨法，支架、吊架应按设计图要求进行加工。支架、吊架的规格设计无规定时，应不小于以下规定：扁钢支架 30mm×3mm；角钢支架 25mm×25mm×3mm；埋注支架应有燕尾，埋注深度应不小于 120mm。

3. 测定盒、箱及固定点位置

　　1）根据设计首先测出盒、箱与出线口等的准确位置。测量时最好使用自制尺杆。

　　2）根据测定的盒、箱位置，按管路的垂直、水平走向弹线定位，按照安装标准规定的固定点间距的尺寸要求，计算确定支架、吊架的具体位置。

　　3）固定点的距离应均匀，管卡与终端、转弯中点、电气器具或接线盒边缘的距离为 150～500mm。

4. 固定方法

　　有胀管法、木砖法、预埋铁件焊接法、稳注法、剔注法、抱箍法。

5. 盒、箱固定

　　由地面引出管路至自制明箱时，可直接焊在角钢支架上，采用定型盘、箱，需在盘、箱下侧 100～150mm 处加稳固支架，将管固定在支架上。盒、箱安装应牢固平整，开孔整齐并与管径相吻合。要求一管一孔不得开长孔。铁制盒、箱严禁用电气焊开孔。

6. 管路敷设与连接

1）管路敷设：水平或垂直敷设明配管允许偏差值，管路在 2m 以内时，偏差为 3mm，全长不应超过管子内径的 1/2。

2）检查管路是否畅通，内侧有无毛刺，镀锌层或防锈漆是否完整无损，管子不顺直者应调直。

3）敷管时，先将管卡一端的螺栓拧紧一半，然后将管敷设在管卡内，逐个拧牢。使用铁支架时，可将钢管固定在支架上，不许将钢管焊接在其他管道上。

4）管路连接：管路连接应采用螺纹连接，或采用扣压式管连接。

7. 管路与设备连接

应将钢管敷设到设备内，如不能直接进入时，应符合下列要求：

1）在干燥房屋内，可在钢管出口处加保护软管引入设备，管口应包扎严密。

2）在室外或潮湿房间内，可在管口处装设防水弯头引出的导线应套绝缘保护软管，经弯成防水弧度后再引入设备。

3）管口距地面高度一般不宜低于 200mm。

4）埋入土层内的钢管，应刷沥青包缠玻璃丝布后，再刷沥青油。或应采用水泥砂浆全面保护。

8. 吊顶内、护墙板内管路敷设操作工艺及要求

材质、固定参照明配管施工工艺；连接、弯度、走向等可参照暗配管施工工艺要求施工，接线盒可使用暗盒。

1）会审时要与通风暖卫等专业协调并绘制大样图经审核无误后，在顶板或地面进行弹线定位。如吊顶是有格块线条的，灯位必须按格块分光，护墙板内配管应按设计要求，测定盒、箱位置、弹线定位。

2）灯位测定后，用不少于 2 个螺钉把灯头盒固定牢。如有防火要求，可用防火布或其他防火措施处理灯头盒。无用的敲落孔不应敲掉，已脱落的要补好。

3）管路应敷设在主龙骨的上边，管入盒、箱必须煨灯塔弯，并应里外带锁紧螺母。采用内护口，管进盒、箱以内锁紧螺母平为准。

4）固定管路时，如为木龙骨可在管的两侧钉钉，用钢丝绑扎后再把钉钉牢。如为轻钢龙骨，可采用配套管卡和螺钉固定，或用拉铆钉固定。直径 25mm 以上和成排管路应单独设支架。

5）管路敷设应牢固畅顺，禁止做拦腰管或绊脚管。遇有长螺纹接管时，必须在管箍后面加锁紧螺母。管路固定点的间距不得大于 1.5m，受力灯头盒应用吊杆固定，在管进盒处及弯曲部位两端 15～30cm 处加固定卡固定。

6）吊顶内灯头盒至灯位可采用阻燃型普里卡金属软管过渡，长度不宜超过 1m。其两端应使用专用接头。吊顶内各种盒、箱的安装，盒箱口的方向应朝向检查口以利于维修检查。

第三节　线槽敷设

1. 实际案例展示

2. 预留孔洞

根据设计图标注的轴线部位，将预制加工好的木质或铁质框架，固定在标出的位置上，并进行调直找正，待现浇混凝土凝固模板拆除后，拆下框架，并抹平孔洞口。

3. 支架与吊架安装要求及预埋吊杆、吊架

1）支架与吊架距离上层楼板不应小于 150~200mm，距地面高度不应低于 100~150mm。

2）轻钢龙骨上敷设线槽应各自有单独卡具吊装或支撑系统，吊杆直径不应小于 8mm；支撑应固定在主龙骨上，不允许固定在辅助龙骨上。

3）采用直径不小于 8mm 的圆钢，经过切割、调直、煨弯及焊接等步骤制作成吊杆、吊架。其端部应攻丝以便于调整。在配合土建结构中，应随着钢筋绑扎配筋的同时，将吊杆或吊架锚固在所标出的固定位置。在混凝土浇筑时留有专人看护预防吊杆或吊架移位。拆模板

时不得碰坏吊杆端部的螺纹。

4）预埋铁的自制加工详见相关标准规范。

4. 金属膨胀螺栓安装

1）钻孔直径的误差不得超过 +0.5 ~ -0.3mm，深度误差不得超过 +3mm，钻孔后应将孔内残存的碎屑清除净。

2）螺栓固定后，其头部偏斜值不大于 2mm。

3）首先沿着墙壁或顶板根据设计图进行弹线定位，标出固定点的位置。

4）根据支架或吊架承重的荷重，选择相应的金属膨胀螺栓及钻头，所选钻头长度应大于套管长度。

5）应先清除干净打好的孔洞内的碎屑，然后再用木锤或垫上木块后，用铁锤将膨胀螺栓敲进洞内，应保证套管与建筑物表面平齐，螺栓端部外露，敲击时不得损伤螺栓的螺纹。

6）埋好螺栓后，可用螺母配上相应的垫圈将支架或吊架直接固定在金属膨胀螺栓上。

5. 线槽安装

1）线槽的接口应平整，接缝处应紧密平直。槽盖装上后应平整，无翘角，出线口的位置准确。

2）不允许将穿过墙壁的线槽与墙上的孔洞一起抹死。

3）线槽的所有非导电部分的铁件均应相互连接和跨接，使之成为一连续导体，并做好整体接地。

4）当线槽的底板对地距离低于 2.4m 时，线槽本身和线盖板均应加装保护地线。2.4m 以上的线槽盖板可不加保护地线。

5）线槽经过建筑物的变形缝（伸缩缝、沉降缝）时，线槽本身应断开，槽内用内连接板搭接，无须固定。保护地线和槽内导线均应留有补偿余量。

6）敷设在竖井、吊顶、通道、夹层及设备层等处的线槽应符合有关防火要求。

7）线槽直线段连接应采用连接板，用垫圈、弹簧垫圈、螺母紧固，接茬处应缝隙严密平齐。

8）建筑物的表面如有坡度时，线槽应随其变化坡度。待线槽全部敷设完毕后，应在配线之前进行调整检查。

9）吊装金属线槽：万能型吊具一般应用在钢结构中，如工字钢、角钢、轻钢龙骨等结构，可预先将吊具、卡具、吊杆、吊装器组装成一整体，在标出的固定点位置处进行吊装，逐件地将吊装卡具压接在钢结构上，将顶丝拧牢。

10）出线口处应利用出线口盒进行连接，末端部位要装上封堵，在盒、箱、柜进出线处采用抱脚连接。

11）地面线槽安装：地面线槽安装时，应及时配合土建地面工程施工。根据地面的形式不同，先抄平，然后测定固定点位置，将上好卧脚螺栓和压板的线槽水平放置在垫层上，然后进行线槽连接。如线槽与管连接；线槽与分线盒连接；分线盒与管连接；线槽出线口连接；线槽末端处理等，都应安装到位，螺栓紧固牢靠。地面线槽及附件全部上好后，再进行一次系统调整，主要根据地面厚度，仔细调整线槽干线、分支线、分线盒接头、转弯、转角、出口等处，水平高度要求与地面平齐，将各种盒盖盖好或堵严实，以防止水泥砂浆进入，直至配合土建地面施工结束为止。

6. 线槽内保护地线安装

1）保护地线应根据设计图要求敷设在线槽内一侧，接地处螺栓直径不应小于 6mm，并且需要加平垫和弹簧垫圈，用螺母压接牢固。

2）金属线槽的宽度在 100mm 以内（含 100mm），两段线槽用连接板连接处，每端螺栓固定点不少于 4 个；宽度在 200mm 以上（含 200mm），两端线槽用连接板连接处，每端螺栓固定点不少于 6 个。

第十九章　普通灯具安装

1. 实际案例展示

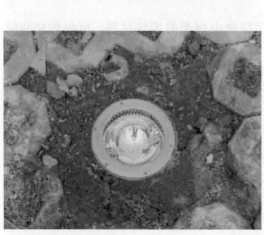

2. 灯具的固定

1）当在砖混中安装电气照明装置时，应采用预埋吊钩、螺栓、螺钉、膨胀螺栓、尼龙塞或塑料塞固定，严禁使用木楔。当设计无规定时，上述固定件的承载能力应与电气照明装置的重量相匹配。

2）软线吊灯灯具质量在0.5kg及以下时，采用软电线自身悬吊安装。当软线吊灯灯具质量大于0.5kg时，灯具安装固定采用吊链，且软电线均匀编叉在吊链内，使电线不受拉力，编叉间距应根据吊链长度控制在50～80mm范围内。

3）当吊灯灯具质量大于3kg时，应采用预埋吊钩或螺栓固定。

4）灯具固定应牢固可靠，禁止使用木楔。每个灯具固定用的螺钉或螺栓不应少于2个。当绝缘台直径为75mm及以下时，可采用1个螺钉或螺栓固定。

5）采用钢管作灯具的吊杆时，钢管内径不应小于10mm。钢管壁厚度不应小于1.5mm。

6）花灯吊钩圆钢直径不应小于灯具挂销直径，且不应小于6mm。大型花灯的固定及悬吊装置，应按灯具质量的2倍做过载试验。

7）固定灯具带电部件的绝缘材料以及提供防触电保护的绝缘材料，应耐燃烧和防明火。

8）嵌入顶棚内的装饰灯具应固定在专设的框架上，导线不应贴近灯具外壳，且在灯盒内应留有余量，灯具的边框应紧贴在顶棚面上。

3. 灯具组装

（1）组合式吸顶花灯的组装

1）首先将灯具的托板放平，如果托板为多块拼装而成，就要将所有的边框对齐，并用螺钉固定，将其连成一体，然后按照说明书及示意图把各个灯口装好。

2）确定出线的位置，将端子板（瓷接头）用机螺钉固定在托板上。

3）根据已固定好的端子板（瓷接头）至各灯口的距离掐线，把掐好的导线剥出线芯，盘好圈后，进行涮锡。然后压入各个灯口，理顺各灯头的相线和零线，用线卡子分别固定，并且按供电要求分别压入端子板，组装好后试验电路是否合格。

（2）吊灯花灯组装 首先将导线从各个灯口穿到灯具本身的接线盒里。一端盘圈，涮锡后压入各个灯口。理顺各个灯头的相线和零线，另一端涮锡后根据相序分别连接，包扎并甩出电源引入线，最后将电源引入线从吊杆中穿出。组装好后检验电路是否合格。

4. 灯具的接线

1）穿入灯具的导线在分支连接处不得承受额外压力和磨损，多股软线的端头应挂锡，盘圈，并按顺时针方向弯钩，用灯具端子螺栓拧固在灯具的接线端子上。

2）螺口灯头接线时，相线应接在中心触点的端子上，零线应接在螺纹的端子上。

3）荧光灯的接线应正确，电容器应并联在镇流器前侧的电路配线中，不应串联在电路内。

4）灯具内导线应绝缘良好，严禁有漏电现象，灯具配线不得外露，并保证灯具能承受一定的机械力和可靠地安全运行。

5）灯具线不许有接头，在引入处不应受机械力。

6）灯具线在灯头、灯线盒等处应将软线端做保险扣，防止接线端子不能受力。

5. 塑料（木）台的安装

1）将接灯线从塑料（木）台的出线孔中穿出，将塑料（木）台紧贴住建筑物表面，塑料（木）台的安装孔对准灯头盒螺孔，用机螺钉将塑料（木）台固定牢固。

2）把从塑料（木）台甩出的导线留出适当维修长度，削出线芯，然后推入灯头盒内，线芯应高出塑料（木）台的台面。用软线在接灯线芯上缠绕 5 ~ 7 圈后，将灯线芯折回压紧。用粘塑料带和黑胶布分层包扎紧密。将包扎好的接头调顺，扣于法兰盘内，法兰盘吊盒、平灯口应与塑料（木）台的中心找正，用长度小于20mm 的木螺钉固定。

6. 日光灯安装

（1）吸顶日光灯安装 根据设计图确定出日光灯的位置，将日光灯贴紧建筑物表面，日光灯的灯箱应完全遮盖住灯头盒。对着灯头盒的位置打好进线孔，将电源线甩入灯箱，在进线孔处应套上塑料管以保护导线。找好灯头盒螺孔的位置，在灯箱的底板上用电钻打好孔，用机螺钉拧牢固，在灯箱的另一端应使用胀管螺栓进行固定。如果日光灯是安装在吊顶上的，应该用自攻螺钉将灯箱固定在龙骨上。灯箱固定好后，将电源线压入灯箱内的端子板（瓷接头）上，把灯具的反光板固定在灯箱上，并将灯箱调整顺直，最后把日光灯管装好。

（2）吊链日光灯安装 根据灯具的安装高度，将全部吊链编好后，把吊链挂在灯箱挂钩上，并且在建筑物顶棚上安装好塑料圆台，将导线依顺序编叉在吊链内，并引入灯箱，在灯箱的进线处应套上软塑料管以保护导线压入灯箱的端子板（磁接头）内。将灯具导线和灯头盒中甩出的电源线连接，并用粘塑料带和黑胶布分层包扎紧密。理顺接头扣于吊盒内，吊盒的中心应与塑料（木）台的中心对正，用木螺钉将其拧牢固。将灯具的反光板用机螺钉固定在灯箱上，调整好灯脚，最后将灯管装好。

7. 各型花灯安装

（1）各型组合式吸顶花灯安装　根据预埋的螺栓和灯头盒位置，在灯具的托板上用电钻开好安装孔和出线孔。安装时将托板托起，将电源线和从灯具甩出的导线连接并包扎严密。应尽可能地把导线塞入灯头盒内，然后把托板的安装孔对准预埋螺栓，使托板四周和顶棚贴紧，用螺母将其拧紧，调整好各个灯口。悬挂好灯具的各种装饰物，并上好灯管和灯泡。

（2）吊式花灯安装　将灯具托起，并把预埋好的吊杆插入灯具内，把吊挂销钉插入后将其尾部掰成燕尾状，并且将其压平。导线接好头，包扎严实。理顺后向上推起灯具上部的扣碗，将接头扣于其内，且将扣碗紧贴顶棚，拧紧固定螺钉。调整好各个灯口，上好灯泡，最后配上灯罩。

8. 光带的安装

根据灯具的外形尺寸确定其支架的支撑点，再根据灯具的具体重量经过认真核算，选用型材制作支架。做好后，根据灯具的安装位置，用预埋件或用胀管螺栓把支架固定牢固。轻型光带的支架可以直接固定在主龙骨上；大型光带必须先下好预埋件，将光带的支架用螺钉固定在预埋件上，固定好支架，将光带的灯箱用机螺钉固定在支架上，再将电源线引入灯箱与灯具的导线连接并包扎紧密。调整各个灯口和灯脚，装上灯泡和灯管，上好灯罩，最后调整灯具的边框应与顶棚面的装修直线平行。如果灯具对称安装，其纵向中心轴线应在同一直线上，偏斜不应大于5mm。

9. 壁灯的安装

先根据灯具的外形选择合适的木台（板）或灯具底托，把灯具摆放在上面，四周留出的余量要对称，然后用电钻在木板上开出线孔和安装孔，在灯具的底板上也开好安装孔。将灯具的灯头线从木台（板）的出线孔甩出，在墙壁上的灯头盒内接头，并包扎严密，将接头塞入盒内。把木台或木板对正灯头盒、贴紧墙面，可用机螺钉将木台直接固定在盒子耳朵上，采用木板时应用胀管固定。调整木台（板）或灯具底托使其平正不歪斜，再用机螺钉将灯具拧在木台上（板）或灯具底托上，最后配好灯泡、灯管和灯罩。安装在室外的壁灯，其台板或灯具底托与墙面之间应加防水胶垫，并应打好泄水孔。

10. 灯具的接地

当灯具距地面高度小于2.4m时，灯具的可接近裸露导体必须接地（PEN）可靠，并应有专用接地螺栓，且有标识。

11. 灯具安装工艺的其他要求

1）同一室内或场所成排安装的灯具，其中心线偏差不应大于5mm。

2）日光灯和高压汞灯及其附件应配套使用，安装位置应便于检查和维修。

3）公共场所用的应急照明灯具和疏散指示灯，应有明显的标志。无专人管理的公共场所照明宜装设自动节能开关。

4）矩形灯具的边框宜与顶棚面的装饰直线平行，其偏差不应大于5mm。

5）日光灯管组合的开启式灯具，灯管排列应整齐，其金属或塑料的间隔片不应有扭曲等缺陷。

6）对装有白炽灯泡的吸顶灯具，灯泡不应紧贴灯罩；当灯泡与绝缘台之间的距离小于5mm时，灯泡与绝缘台之间应采取隔离措施。

安装在重要场所的大型灯具的玻璃罩，应采取防止玻璃罩破裂后向下溅落的措施。一般可采用透明尼龙丝编织的保护网，网孔的规格应根据实际情况决定。

7）安装在室外的壁灯应有泄水孔，绝缘台与墙面之间应有防水措施。

第二十章 专用灯具安装

1）公共场所用的应急灯和疏散指示灯，要有明显的标志。公共场所照明宜装设自动节能开关。

2）低压工作灯 36V 及以下照明变压器的安装，应符合以下要求：

① 电源侧应有短路保护，其熔丝的额定电流不应大于变压器的额定电流。

② 固定的外壳、铁芯和低压侧的任意一端或中性点，均应设置接地或接零。

3）手术台无影灯的安装，应符合以下要求：

① 固定灯具的螺栓数量，不得少于灯具法兰盘上的固定孔数，且螺栓直径应与法兰盘孔径匹配。

② 在混凝土结构上，预埋件应与主筋焊接。

③ 固定灯座的螺栓应采取双螺母锁固。

④ 灯具的配线接线应与灯泡间隔地连接在两条专用回路上。

⑤ 在照明配电箱内，应设专用的总开关及分路开关。室内灯具应分别接在两条专用的回路上（宜设自动投入的备用电源装置）。

⑥ 开关至灯具的导线应使用额定电压不低于 500V 的铜芯多股绝缘导线。

4）防水灯的安装，应符合以下要求：

① 防水软线吊灯，常规有两种组合形式：一是带台吊线盒可以和胶木防水灯座组合；另一种是由瓷质吊线盒和瓷座防水软线灯座组合而成。

② 普通的安装木（塑料）台时，与建筑物顶棚表面相接触部位应加设 2mm 厚的橡胶垫。

③ 安装瓷质吊线盒及防水软线灯时，先将吊线盒与灯座及木（塑料）台组装连接，并应严格控制灯位盒内开关线与工作零线的连接。

④ 安装胶木吊线盒时，应把吊线盒与木（塑料）台先固定在一起，把灯位盒内的电源线通过橡胶垫及木（塑料）台和吊线盒组装好以后固定在灯位盒上。

⑤ 防水软线灯做直线路连接时，两个接线头应上、下错开 30~40mm。开关线连接于与防水灯座中心触点相连接的软线上，工作零线连接于与防水软线灯座螺口相连接的软线上。

5）应急照明灯具安装应符合下列规定：

① 疏散照明由安全出口标志灯和疏散标志灯组成。安全出口标志灯距地高度不低于 2m，且安装在疏散出口和楼梯口里侧的上方。

② 疏散标志灯安装在安全出口的顶部，楼梯间、疏散走道及其转角处应安装在 1m 以下的墙面上。不易安装的部位可安装在上部。疏散通道上的标志灯间距不大于 20m（人防工程不大于 10m）。

③ 应急照明灯具、运行中温度大于 60℃ 的灯具，当靠近可燃物时，采取隔热、散热等防火措施。当采用白炽灯、卤钨灯等光源时，不直接安装在可燃装修材料或可燃物件上。

④ 疏散照明线路采用耐火电线、电缆，穿管明敷或在非燃烧体内穿刚性导管暗敷，暗

敷保护层厚度不小于30mm。电线采用额定电压不低于750V的铜芯绝缘电线。

6）防爆灯具安装应符合下列规定：

① 灯具的防爆标志、外壳防护等级和温度组别与爆炸危险环境相适配。灯具配套齐全，不用非防爆零件替代灯具配件（金属护网、灯罩、接线盒等）。

② 灯具吊管及开关与接线盒螺纹啮合扣数不少于5扣，螺纹加工光滑、完整、无锈蚀，并在螺纹上涂以电力复合酯或导电性防锈酯。

③ 开关安装位置便于操作，安装高度1.3m。

第二十一章　建筑特殊照明灯、航空障碍标志灯和庭院灯安装

1. 组装灯具

1）首先，将灯具拼装成整体，并用螺钉固定连成一体，然后按设计要求把各个灯口装好。

2）根据已确定的出线和走线的位置，将端子用螺钉固定牢固。

3）根据已固定好的端子至各灯口的距离放线，把放好的导线削出线芯，进行测锡。然后压入各个灯口，理顺各灯头的相线和零线，用线卡子分别固定，并按供电相序要求分别压入端子进行连接紧固牢固。

2. 安装灯具

（1）建筑物彩灯安装

1）彩灯安装均位于建筑物的顶部，彩灯灯具必须是具有防雨性能的专用灯具，安装时应将灯罩拧紧。灯罩应完整无碎裂。

2）配线管路应按明配管敷设，并应具有防雨功能。管路连接和进入灯头盒均应采用螺纹连接，金属灯架、配线管、钢索等必须有可靠的接地或接零。管路必须做防腐处理，敷设平整、顺直，固定牢靠。

3）垂直彩灯悬挂挑臂安装。挑臂的槽钢型号、规格及结构形式应符合设计要求，并应做好防腐处理，挑臂槽钢如是镀锌件应采用螺栓固定连接，严禁焊接。

4）吊挂钢索。钢索直径应不小于4.5mm，吊挂应采用开口吊钩螺栓在挑臂槽钢上固定，两侧均应有螺母，并应加平垫及弹簧垫圈，螺母安装紧固。常规应采用直径不小于10mm的开口吊钩螺栓。地锚（水泥拉线盘和镀锌圆钢拉线棒组成）应为架空外线用拉线盘，埋置深度应大于1500mm。底把采用ϕ16圆钢或者采用花篮螺栓应是镀锌制品件。

5）垂直彩灯应采用防水吊线灯头，下端灯头距离地面应高于3000mm。

（2）景观照明灯具安装

1）景观灯具安装。灯具落地式的基座的几何尺寸必须与灯箱匹配，其结构形式和材质必须符合设计要求。

2）每套灯具坐落的位置，应根据设计图样而确定。投光的角度和照度应与景观协调一致。

3）景观灯具的导电部分对地绝缘电阻值必须大于2MΩ。

4）景观落地式灯具安装在人员密集流动性大的场所时，应设置围栏防护。如条件不允许无围栏防护，安装高度应距地面2500mm以上。

5）金属结构架和灯具及金属软管，应做保护接地线，连接牢固可靠，标识明显。

（3）水下照明灯具安装

1）水下照明灯具及配件的型号、规格和防水性能，必须符合设计要求。

2）水下照明设备安装。必须采用防水电缆或导线。压力泵的型号、规格应符合设计要求。

3）根据设计图样的灯位，放线定位必须准确。确保投光的准确性。

4）位于灯光喷水池或音乐灯光喷水池中的各种喷头的型号、规格，必须符合设计要求，并应有产品质量合格证。

5）水下导线敷设应采用绝缘导管布线，严禁在水中有接头，导线必须甩在接线盒中。各灯具的引线应由水下接线盒引出，用软电缆相连。

6）灯头应固定在设计指定的位置（是指已经完成管线及灯头盒安装的位置），灯头线不得有接头，在引入处不受机械力。安装时应将专用防水灯罩拧紧，灯罩应完好，无碎裂。

7）喷头安装按设计要求，控制各个位置上喷头的型号和规格。安装时，必须采用与喷头相适应的管材，连接应严密，不得有渗漏现象。

8）压力泵安装牢固，螺栓及防松动装置齐全。防水防潮电气设备的导线入口及接线盒盖等应做防水密闭处理。

（4）霓虹灯安装

1）霓虹灯的色泽应符合设计要求，灯管应完好无破裂。

2）变压器组初级侧应装有双极闸刀开关，每台变压器的初级侧应装熔断器保护。

3）变压器的铁芯和次级线圈的一端应与外壳连接后接地。

4）变压器应安装在灯管附近便于检查的地方。其专用变压器所供灯管长度不应超过允许负载长度。变压器的安装高度应保证不低于3m。如因空间条件限制，必须安装在3m以下时，应采用防护措施。位于室外安装时，还应有防水措施。

将变压器安装于易燃结构附近时，应控制与该结构的距离不小于150mm，如设置防火板，其距离可减少至50mm。

5）灯管的固定必须采用专门的绝缘支架，支架应牢固、可靠。专用支架为玻璃制品，固定后灯管与建筑物或构筑物表面的距离不应小于20mm。

6）变压器的二次导线和灯管间的连接线，应采用额定电压不低于15kV的高压尼龙绝缘导线。二次导线与建筑物、构筑物表面的距离不应小于20mm。高压导线的线间及导线敷设面间的距离不应小于50mm；支点间的距离不应小于400mm。

7）霓虹灯安装的金属结构架，必须设置有可靠的接地装置。

8）霓虹灯应装有适应的电容器，$\cos\phi$应不小于0.85。

9）霓虹灯配电线路不得与其他照明设备共用一个回路。

3. 调试、试运行

（1）调试　景观照明系统布线、灯具安装、控制电器设备全部安装完毕，应对配电系统进行相序和绝缘测试。对景观照明投光强度和方位、射程的调试，音乐喷水照明节奏变化与喷水造型的亮暗、速度的调试。

（2）试运行　景观照明系统通电后，根据设计要求，进行巡视检查。开关与灯具控制顺序相对应。通电试运行时间为24h，所有照明灯具均需开启，每2h记录运行状态一次，连续 24h 内无故障为合格。

4. 航空障碍标志灯和庭院灯安装

（1）灯架制作与组装

1）钢材的品种、型号、规格、性能等，必须符合设计要求和国家现行技术标准的规定，并应有产品质量合格证。

2）切割。按设计要求尺寸测尺画线要准确，必须采取机械切割的切割面应平直，确保平整光滑，无毛刺。

3）焊接应采用与母材材质相匹配焊条施焊。焊缝表面不得有裂纹、焊瘤、气孔、夹渣、咬边、未焊满、根部收缩等缺陷。

4）制孔。螺栓孔的孔壁应光滑、孔的直径必须符合设计要求。

5）组装。型钢拼缝要控制拼接缝的间距，确保形体的规整、几何尺寸准确，结构和造型符合设计要求。

（2）灯架安装

1）灯架的连接件和配件必须是镀锌件，各部结构件规格应符合设计要求。非镀锌件必须经防腐处理。

2）承重结构的定位轴线和标高、预埋件、固定螺栓（锚栓）的规格和位置、紧固应符合设计要求。

3）安装灯架时，定位轴线应从承重结构体控制轴线直接引上，不得从下层的轴线引上。

4）紧固件连接时，应设置防松动装置，紧固必须牢固可靠。

（3）灯具接线

1）配电线路导线绝缘检验合格，才能与灯具连接。

2）导线相位与灯具相位必须相符，灯具内预留余量应符合规范的规定。

3）灯具线不许有接头，绝缘良好，严禁有漏电现象，灯具配线不得外露。

4）穿入灯具的导线不得承受压力和磨损，导线与灯具的端子螺钉拧固牢靠。

图 21-1　PLZ 型航空灯插座接线图

（4）灯具安装

1）航空障碍灯是一种特殊的预警灯具，已广泛应用于高层建筑和构筑物。除应满足灯具安装的要求外，还有它特殊的工艺要求。安装方式有侧装式和底装式，都应通过连接件固定在支承结构件上，根据安装板上定位线，将灯具用 M12 螺栓固定牢靠。

2）接线方法。接线时采用专用三芯防水航空插头及插座，如图 21-1 所示。其中的 1、2 端头接交流 220V 电源，3 端头接保护零线。

3）障碍照明灯应属于一级负荷，应接入应急电源回路中。灯的启闭应采用露天安装光电自动控制器进行控制，以室外自然环境照度为参量来控制光电元件的导通以启闭障碍灯。也有采用时间程序来启闭障碍灯的，为了有可靠的供电电源，两路电源的切换最好在障碍灯控制盘处进行。

5. 庭院灯（路灯）安装

1）每套庭院灯（路灯）应在相线上装设熔断器。由架空线引入路灯的导线，在灯具入口处应做防水弯。

2）路灯照明安装的高度和纵向间距是道路照明设计中需要确定的重要数据。参考数据见表21-1的规定。

表 21-1　路灯安装高度　　　　　　　　　　（单位：m）

灯　具	安 装 高 度	灯　　具	安 装 高 度
125 ~ 250 荧光高压汞灯	≥5	60 ~ 100W 白炽灯或 50 ~ 80W 荧光高压汞灯	≥4 ~ 6
250 ~ 400 高压钠灯	≥6		

3）每套灯具的导线部分对地绝缘电阻值必须大于 $2M\Omega$。

4）灯具的接线盒或熔断器盒，其盒盖的防水密封垫应完整。

5）金属结构支托架及立柱、灯具，均应做可靠保护接地线，连接牢固可靠。接地点应有标识。

6）灯具供电线路上的通、断电自控装置动作正确，每套灯具熔断器盒内熔丝齐全，规格与灯具适配。

7）装在架空线路电杆上的路灯，应固定可靠，紧固件齐全、拧紧、灯位正确。每套灯具均配有熔断器保护。

第二十二章　开关、插座、风扇安装

1. 实际案例展示

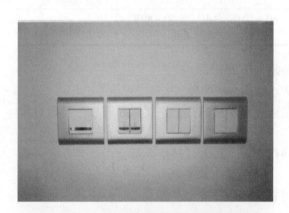 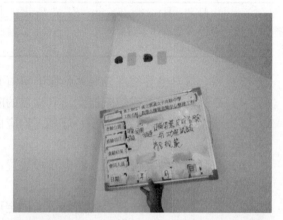

2. 开关安装

1）灯的开关位置应便于操作，安装的位置必须符合设计要求和规范的规定。

2）安装在同一室内的开关，宜采用同一系列的产品，开关的通断位置应一致，且操作灵活接触可靠。

3）开关安装的位置要求是：开关边缘距门框距离宜为 150～200mm，距地面高度宜为 1300mm。拉线开关距地面高度宜为 2000～3000mm，且拉线出口应垂直向下。

4）开关安装允许偏差值的规定是：并列安装的相同型号开关距地面高度应一致，高度差不应大于 1mm。同一室内安装的开关高度差不应大于 5mm。并列安装的拉线开关的相邻间距不宜小于 20mm。

5）相线应经开关控制，民用住宅严禁设置床头开关。

3. 插座安装

1）插座应采用安全型插座，其安装的标高应符合设计要求和规范的规定。

2）落地式插座应具有牢固可靠的保护盖板。地插座面板与地面齐平、紧贴地面、盖板固定牢固密封良好。

3）插座标高允许偏差值应符合以下规定：同一室内安装的插座高度差不宜大于5mm；并列安装的相同型号的插座高度差不宜大于1mm。

4）明装插座必须安装在塑料台上，位置应垂直端正，用木螺钉固定牢固。

5）暗装插座应用专用盒，盖板应端正，紧贴墙面。每一插座位置上必须使用户能任意使用Ⅰ类和Ⅱ类家用电器。

6）常规家用电器的插座，单相者用三孔插座，三相者用四孔插座，其中一孔应与保护零线紧密连接。

7）住宅插座回路应单独装设漏电保护装置。

4. 吊扇组装

1）不改变扇叶角度。

2）扇叶的固定螺钉防松零件齐全。

3）吊杆之间、吊杆与电动机之间的螺纹连接，其啮合长度每端不小于20mm，且防松零件齐全紧固。

4）吊扇应接线正确，当运转时扇叶不应有明显颤动和异常声响。

5）涂层完整，表面无划痕、无污染，吊杆上下扣碗安装牢固到位；同一室内并列安装的吊扇开关高度一致，且控制有序不错位。

5. 吊扇安装

1）将吊扇托起，并把预埋的吊钩将吊扇的耳环挂牢，然后接好电源接头，注意多股软铜线绞合后进行包扎严密，向上推起吊杆上的扣碗，将接头扣于其内，紧贴建筑物表面，拧紧固定螺钉。

2）吊扇挂钩应安装牢固，吊扇挂钩的直径不应小于吊扇悬挂销钉的直径，且不得小于8mm。吊扇悬挂销钉应装设防振橡胶垫，销钉的防松装置应齐全、可靠。

3）吊扇扇叶距地面高度不宜小于2.5m。

6. 壁扇安装

1）壁扇底座采用尼龙塞或膨胀螺栓固定，尼龙塞或膨胀螺栓的数量不应少于两个，且直径不应少于8mm。壁扇底座固定牢固可靠。

2）壁扇的安装，其下侧边缘距地面高度不宜小于1.8m，且底座平面的垂直偏差不宜大于2mm，涂层完整，表面无划痕，无污染，防护罩无变形。

3）壁扇防护罩扣紧，固定可靠，当运行时扇叶和防护罩均无明显的颤动和异常声响。

第二十三章　接地装置安装

1. 定位放线

1）按设计规定防雷装置接地体的位置进行放线。沿接地体的线路，开挖接地体沟，以便打入接地体和敷设接地干线。因为地层表面层容易受冻，冻土层会使接地电阻增大，且地表层易扰动被挖，而至损坏接地装置，所以接地装置应埋置于地表层以下，接地体还应埋设在土层电阻率较低和人们不常到达的地方。

2）接地装置的位置，与道路或建筑物的出入口等的距离应不小于3m；当小于3m时，为降低跨步电压应采取以下措施：

① 水平接地体局部埋置深度不应小于1m，并应局部包以绝缘物（50~80mm厚的沥青层）。

② 采用沥青碎石地面或在接地装置上面敷设50~80mm厚的沥青层，其宽度应超过接地装置2m。敷设沥青层时，其基底必须用碎石夯实。

③ 接地体上部装设用圆钢或扁钢焊成的500mm×500mm的网格压网，其边缘距接地体不得小于2.5m。

④ 采用"帽檐式"的压带做法。挖接地体沟时，应根据设计要求标高，对接地装置的线路进行测量弹线。根据画出的线路从自然地面开始，挖掘上底宽600mm，深900mm，下底宽400mm的沟。沟要挖得平直、深浅一致，沟底如有石子应清除干净。挖沟时如附近有建筑物或构筑物，沟的中心线与建筑物或构筑物的基础距离不宜小于2m。

2. 人工接地体制作

1）垂直接地体的加工制作：制作垂直接地体材料一般采用镀锌钢管 $DN50$、镀锌角钢∟$50×50×5$ 或镀锌圆钢 $\phi20$，长度不应小于2.5m，端部锯成斜口或锻造成锥形。角钢的一端应加工成尖头形状，尖点应保持在角钢的角脊线上并使斜边对称制成接地体。

2）水平接地体的加工制作：一般使用─$40mm×40mm×4mm$ 的镀锌扁钢。

3）铜接地体常用 $900mm×900mm×1.5mm$ 的铜板制作。

① 在铜接地板上打孔，用单股 $\phi1.3~\phi2.5$ 铜线将铜接地线（绞线）绑扎在铜板上，在铜绞线两侧用气焊焊接。

② 在铜接地板上打孔，将铜接地绞线分开拉直，搪锡后分四处用单股 $\phi1.3~\phi2.5$ 铜线绑扎在铜板上，用锡逐根与铜板焊好。

③ 将铜接地线与接线端子连接，接线端部与铜端子以及与铜接地板的接触面处搪锡，用 $\phi5×6mm$ 的铜铆钉将端子与铜板铆紧，在接线端子周围进行锡焊。铜端子规格为 ─$30mm×1.5mm$，长度为750mm。

④ 使用 ─$25mm×1.5mm$ 的扁铜板与铜接地板进行铜焊固定。

3. 人工接地体的安装

1）垂直接地体的安装　将接地体放在沟的中心线上，用大锤将接地体打入地下，顶部距地面不小于0.6m，间距不小于5m。接地极与地面应保持垂直打入，然后将镀锌扁钢调直置入沟内，依次将扁钢与接地体用电焊焊接。扁钢应侧放而不可平放，扁钢与钢管连接的位置距接地体顶端100mm，焊接时将扁钢拉直，焊好后清除药皮，刷沥青漆做防腐处理，并将接地线引出至需要的位置，留有足够的连接高度，以待使用。

2）水平接地体的安装　水平接地体多用于绕建筑四周的联合接地。安装时应将扁钢侧放敷设在地沟内（不应平放），顶部埋设深度距地面不小于0.6m。

3）铜板接地体应垂直安装　顶部距地面的距离不小于0.6m，接地极间的距离不小于5m。

4. 自然接地体安装

（1）利用钢筋混凝土桩基础作接地体　在作为防雷引下线的柱子（或者剪力墙内钢筋作引下线）位置处，将桩基础的抛头钢筋与承台梁主筋焊接，再与上面作为引下线的柱（或剪力墙）中钢筋焊接。如果每一组桩基多于4根时，只需连接四角桩基的钢筋作为防雷接地体。

（2）利用钢筋混凝土板式基础作接地体

1）利用无防水层底板的钢筋混凝土板式基础作接地时，将利用作为防雷引下线符合规定的柱主筋与底板的钢筋进行焊接连接。

2）利用有防水层板式基础的钢筋作接地体时，将符合规格和数量的可以用来做防雷引下线的柱内钢筋，在室外自然地面以下的适当位置处，利用预埋连接板与外引的ϕ12镀锌圆钢或—40mm×40mm的镀锌扁钢相焊接作连接线。同有防水层的钢筋混凝土板式基础的接地装置连接。

（3）利用独立柱基础、箱形基础作接地体

1）利用钢筋混凝土独立柱基础及箱形基础作接体，将用作防雷引下线的现浇混凝土柱内符合要求的主筋，与基础底层钢筋网做焊接连接。

2）钢筋混凝土独立柱基础如有防水层时，应将预埋的铁件和引下线连接，应跨越防水层将柱内的引下线钢筋、垫层内的钢筋与接地线相焊接。

（4）利用钢柱钢筋混凝土基础作为接地体

1）仅有水平钢筋网的钢柱钢筋混凝土基础作接地时，每个钢筋混凝土基础中有一个地脚螺栓通过连接导体（$\geqslant\phi$12钢筋或圆钢）与水平钢筋网进行焊接连接。地脚螺栓通过连接导体与水平钢筋网的搭接焊接长度不应小于连接导体直径的6倍，并应在钢桩就位后，将地脚螺栓及螺母和钢柱焊为一体。

2）有垂直和水平钢筋网的基础，垂直和水平钢筋网的连接，应将与地脚螺栓相连接一根垂直钢筋焊到水平钢筋网上，当不能焊接时，采用不小于ϕ12钢筋或圆钢跨接焊接。如果四根垂直主筋能接触到水平钢筋网时，将垂直的四根钢筋与水平钢筋网进行绑扎连接。

3）当钢柱钢筋混凝土基础底部有柱基时，宜将每一桩基的一根主筋同承台钢筋焊接。

（5）钢筋混凝土杯形基础预制柱作接地体

1）当仅有水平钢筋的杯形基础作接地体时，将连接导体（即连接基础内水平钢筋网与预制混凝土柱预埋连接板的钢筋或圆钢）引出位置是在杯口一角的附近，与预制混凝土柱上的预埋连接板位置相对应，连接导体与水平钢筋网采用焊接。连接导体与柱上预埋件连接也应焊接，立柱后，将连接导体与∟63mm×63mm×5mm长100mm的柱内预埋连接板焊接后，将其与土壤接触的外露部分用1:3水泥砂浆保护，保护层厚度不小于50mm。

2）当有垂直和水平钢筋网的杯形基础作接地体时，与连接导体相连接的垂直钢筋，应与水平钢筋相焊接。如不能焊接时，采用不小于 $\phi1$ 的钢筋或圆钢跨接焊。如果四根垂直主筋都能接触到水平钢筋网时，应将其绑扎连接。

3）连接导体外露部分应做水泥砂浆保护层，厚度50mm。当杯形钢筋混凝土基础底下有桩基时，宜将每一根桩基的一根主筋同承台梁钢筋焊接。如不能直接焊接时，可用连接导体进行连接。

5. 接地干线安装

接地干线（即接地母线）为从引下线断线卡至接地体和连接垂直接地体之间的连接线。接地干线一般使用–40mm×4mm的镀锌扁钢制作。接地干线分为室内和室外连接两种。室外接地干线与支线一般敷设在沟内。室内的接地干线多为明敷，但部分设备连接支线需经过地面，也可以埋设在混凝土内，具体的安装方法如下：

（1）室外接地干线敷设

1）根据设计图样要求进行定位放线、挖土。

2）将接地干线进行调直、测位、打眼、煨弯，并将断接卡子及接线端子装好。然后将扁钢放入地沟内，扁钢应保持侧放，依次将扁钢在距接地体顶端大于50mm处与接地体用电焊焊接。焊接时应将扁钢拉直，将扁钢弯成弧形（或三角形）与接地钢管（或角钢）进行焊接。敷设完毕经隐蔽验收后，进行回填并压实。

（2）室内接地干线敷设

1）室内接地线是供室内的电气设备接地使用，多数是明敷设，但也可以埋设在混凝土内。明敷设的接地线大多数敷设在墙壁上，或敷设在母线架和电缆的构架上。

2）保护套管埋设：配合土建墙体及地面施工时，在设计要求的位置上，预埋保护套管或预留出接地干线保护套管孔。护套管为方形套管，其规格应能保证接地干线顺利穿入。

3）接地支持件固定：按照设计要求的位置进行定位放线，无设计要求时距地面250～300mm的高度处固定支持件。支持件的间距必须均匀，水平直线部分为0.5～1.5m，垂直部分1.5～3m，弯曲部分为0.3～0.5m。固定支持件的方法有预埋固定钩或托板法、预留支架洞口后安装支架法、膨胀螺栓及射钉直接固定接地线法等。

4）接地线的敷设：将接地扁钢事先调直、打眼、煨弯加工后，将扁钢沿墙吊起，在支持件一端将扁钢固定住，接地线距墙面间隙应为10～15mm。过墙时穿过保护套管，钢制套管必须与接地线做电气连通，接地干线在连接处进行焊接，末端预留或连接应符合设计规定。接地干线还应与建筑结构中预留钢筋连接。

5）接地干线经过建筑物的伸缩缝（或沉降缝）时，如采用焊接固定，应将接地干线在过伸缩缝（或沉降缝）的一段做成弧形，或用 $\phi12$ 圆钢弯出弧形与扁钢焊接，也可以在接地线断开处用50mm平裸铜软绞线连接。

6）为了连接临时接地线，在接地干线上需安装一些临时接地线柱（也称接地端子），临时接地线柱的安装，应根据接地干线的敷设形式不同采用不同的安装形式。常采用在接地干线上焊接镀锌螺栓作临时接地线柱法。

7）明敷接地线的表面应涂以 15～100mm 宽度相等的绿色和黄色相间的条纹。在每个接地导体的全部长度上或只在每个区间或每个可接触到的部位上宜作出标志。中性线宜涂淡蓝色标志，在接地线引向建筑物的入口处和在检修用临时接地点处，均应刷白色底漆并标以黑色接地标志。

8）室内接地干线与室外接地干线的连接应使用螺栓连接以便检测，接地干线穿过套管或洞口应用沥青麻丝或建筑密封膏堵死。

9）接地线与管道连接（等电位联结）：接地线和给水管、排水管及其他输送非可燃体或非爆炸气体的金属管道连接时，应在靠近建筑物的进口处焊接。若接地线与管道不能直接焊接时，应用卡箍连接，卡箍的内表面应搪锡。应将管道的连接表面刮拭干净，安装完毕后涂沥青。管道上的水表、法兰阀门等处应用裸露铜线将其跨接。

（3）接地线与电气设备的连接

1）电气设备的外壳上一般都有专用接地螺钉。将接地线与接地螺钉的接触面擦净，至发出金属光泽，接地线端部挂上锡，并涂上中性凡士林油，然后接入螺钉并将螺母拧紧。在有振动的地方，所有接地螺钉都必须加垫弹簧垫圈。接地线如为扁钢，其孔眼必须用机械钻孔，不得用气焊开孔。

2）电气设备如装在金属结构上面有可靠的金属接触时，接地线或接零线可直接焊在金属结构上。

第二十四章　避雷引下线和变配电室接地干线敷设

1. 实际案例展示

2. 避雷引下线暗敷设

（1）利用建筑物主筋作暗敷引下线　当钢筋直径为16mm及以上时，应利用两根钢筋（绑扎或焊接）作为一组引下线，当钢筋直径为10mm及以上时，应利用四根钢筋（绑扎或焊接）作为一组引下线。引下线的上部与接闪器焊接，下部与接地体焊接，并按设计要求的高度设置测试点。测试点用—40mm×4mm镀锌扁钢制作，与引下线主筋焊接，并安装测试盒保护。在盒盖上应做出接地标记。测试点无设计高度时，应在距室外地坪0.5m处安装测试点。如果测试接地电阻达不到设计要求，必须在距室外地坪0.8～1m处预留导体加接外附人工接地体。

（2）引下线沿墙或混凝土构造柱暗敷设　应使用不小于φ12镀锌圆钢或不小于—25mm×4mm的镀锌扁钢。施工时配合土建主体外墙（或构造柱）施工。将钢筋（或扁钢）调直后与接地体（或断接卡子）连接好，由下到上展放钢筋（或扁钢）并加以固定，敷设路径要尽量短而直，可直接通过挑檐或女儿墙与避雷带焊接。

3. 避雷引下线明敷设

1）首先将引下线调直，然后根据设计的位置定位放线安装支持件（固定卡子），支持件（固定卡子）应随土建主体施工预埋。一般在距室外护坡2m高处，预埋第一个支持卡子，随土建主体的上升依次预埋所有支持卡子，卡子间距1.5～2m，但必须均匀。卡子应凸出墙装饰面 15mm。

2）将调直的引下线由上到下安装。用绳子提升到屋顶将引下线固定到支持卡子上。上部与避雷带焊接，下部与接地体焊接，依次安装完毕。引下线的路径尽量短而直，不能直线引下时，应拐弯，应做成弯曲半径为 10 倍圆钢的弯。

3）明装引下线在断接卡子下部应外套塑料管以防机械损伤，为避免接触电压，游人众多的建筑物，明装引下线的外围要装设护栏。

4. 重复接地引下线安装

1）在低压 TN 系统中，架空线路干线和分支线的终端，其 PEN 或 PE 线应做重复接地。电缆线路和架空线路在每个建筑物的进线外均需做重复接地（如无特殊要求，对小型单层建筑，距接地点不超过 50m 可除外）。

2）低压架空线路进户线重复接地可在建筑物的进线处做引下线。引下线处可不设断接卡子，N 线与 PE 线的连接可在重复接地节点处连接。需测试接地电阻时，打开节点处的连接板。架空线路除在建筑物外做重复接地外，还可利用总配电屏、箱的接地装置做 PEN 或 PE 线的重复接地。

3）电缆进户时，利用总配电箱进行 N 线与 PE 线的连接，重复接地线再与箱体连接。中间可不设断接卡，需测试接地电阻时，卸下端子，把仪表专用导线连接到仪表 E 的端钮上，另一端连到与箱体焊接为一体的接地端子板上测试。

第二十五章　接闪器安装

1. 实际案例展示

 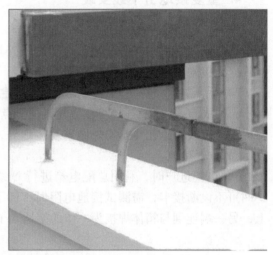

2. 均压环安装

1）均压环（或避雷带）的材料一般为镀锌圆钢 φ2，镀锌扁钢—25mm × 4mm 或—40mm × 4mm，使用前必须调直。

2）在高层建筑上，以首层起，每三层均设均压环一圈，可利用钢筋混凝土圈梁的钢筋与柱内作引下线钢筋进行连接（绑扎或焊接）做均压环。没有组合柱和圈梁的建筑物，应每三层在建筑物外墙内敷设一圈 φ12 或—25mm × 4mm 镀锌圆钢或扁钢，与防雷引下线连接作均压环。

3）以距地 30m 高度起，每向上三层，在结构圈梁内敷设一条—25mm × 4mm 的镀锌扁钢与引下线焊成一环形水平避雷带，以防止侧向雷击，并将金属栏杆及金属门窗等较大的金属物体与防雷装置可靠连接。

3. 避雷针制作安装

1）避雷针制作：避雷针一般用镀锌圆钢或镀锌钢管制作，针长在 1m 以下时，圆钢为 φ12，钢管为 φ20；针长在 1~2m 时，圆钢为 φ6，钢管为 φ25。

2）避雷针安装前，应在屋面施工时配合土建浇筑好混凝土支座，预留好地脚螺栓，地脚螺栓最少有 2 根与屋面、墙体或梁内钢筋焊接。待混凝土强度达到要求后，再安装避雷针，连接引下线。

3）安装避雷针时，先组装避雷针，在底座板相应位置上焊一块肋板将避雷针立起，找直、找正后进行点焊，然后加以校正，焊上其他三块肋板。避雷针安装要牢固，并与引下线、避雷网焊接成一个电气通路。

4. 避雷带安装

（1）明装避雷带安装

1）明装避雷带的材料：一般为 $\phi10$ 的镀锌圆钢或—25mm×4mm 的镀锌扁钢，支架一般用镀锌扁钢—20mm×3mm 或—25mm×4mm 和镀锌圆钢制成，支架的形式根据现场情况采用各种形式。

2）避雷带沿屋面安装时，一般沿混凝土支座固定，支座距转弯点中点 0.25m，直线部分支座间距应不大于 1m，必须布置均匀，避雷带距屋面的边缘距离不大于 500mm，在避雷带转角中心严禁设支座。

3）女儿墙和天沟上支架安装：尽量随结构施工预埋支架，支架距转弯中点 0.25m，直线部分支架水平间距 1～1.5m，垂直间距 1.5～2m，且支架间距均匀分布，支架的支起高度 100mm。

4）屋脊和檐口上支座、支架安装：可使用混凝土支墩或支架固定。使用支墩固定避雷带时，配合土建施工。现场浇制支座，浇制时，先将脊瓦敲去一角，使支座与瓦内的砂浆连成一体。如使用支架固定避雷带时，用电钻将脊瓦钻孔，再将支架插入孔内，用水泥砂浆填塞牢固。支架的间距同上。

5）避雷带沿坡形屋面敷设时，应使用混凝土支墩固定，且支墩与屋面垂直。

6）避雷带安装：将避雷带调直，用大绳提升到屋面，顺直敷设固定在支架上，焊接连成一体，再同引下线焊好。建筑物屋顶有金属旗杆，透气管，金属天沟，铁栏杆、爬梯、冷却塔、水箱，电视天线等金属导体都必须与避雷带焊接成一体，顶层的烟囱应做避雷针。在建筑物的变形缝处应做防雷跨越处理。

（2）暗装避雷带安装

1）用建筑物 V 形折板内钢筋作避雷带，折板插筋与吊环和钢筋绑扎，通长筋应和插筋、吊环绑扎，折板接头部位的通长筋在端部顶留钢筋 100mm 长，便于与引下线连接。

2）利用女儿墙压顶钢筋作避雷带：将压顶内钢筋做电气连接（焊接），然后将防雷引下线与压顶内钢筋焊接连接。

第二十六章 建筑物等电位联结

1. 实际案例展示

2. 有防水要求房间等电位联结系统安装

1）首先将地面内钢筋网和混凝土墙内钢筋网等电位联通。

2）预埋件的结构形式和尺寸，埋设位置标高应符合设计要求。

3）等电位联结线与浴缸、地漏、下水管、卫生设备和连接，按工艺流程图要求进行。

4）等电位端子板安装位置应方便检测。端子箱和端子板组装应牢固可靠。

5）LEB线均应采用 BV – 4mm^2 的铜线，应暗设于地面内或墙内穿入塑料管布线。

3. 游泳池等电位联结系统安装

1）LEB线可自 LEB 端子板引出，与其室内有关金属管道和金属导电部分相互连接。

2）无筋地面应敷设等电位均衡导线，采用 25mm×4mm 扁钢或 ϕ10 圆钢在游泳池四周敷设三道，距游泳池 0.3m，每道间距约为 0.6m，最少在两处做横向连接，且与等电位联结端子板连接。

3）等电位均衡导线也可敷设网格为 50mm×150mm 的钢丝网，相邻网之间应互相焊接牢固。

4. 医院手术室等电位联结系统施工工艺

1）等电位联结端子板与插座保护线端子或任一装置外导电部分间的连接线的电阻包括连接点的电阻不应大于 0.20。

2）不同截面导线每 10m 的电阻值供选择等电位联结线截面时参考值详见表 26-1。

表 26-1　不同截面导线每 **10m** 的电阻值（20℃）　　　（单位：Ω）

铜导线截面/mm²	每 10m 的电阻值	铜导线截面/mm²	每 10m 的电阻值
2.5	0.073	50	0.0038
4	0.045	150	0.0012
6	0.03	500	0.0004
10	0.018		

3）预埋件形式、尺寸和安装的位置、标高，应符合设计要求，安装必须牢固可靠。

5. 等电位联结线截面

等电位联结线的截面应符合表 26-2 的要求。

表 26-2　等电位联结线的截面

类别 取值	总等电位联结线	局部等电位联结线	辅助等电位联结线	
一般值	不小于 0.5 × 进线 PE（PEN）线截面	不小于 0.5 × PE 线截面①	两电气设备外露导电部分间	1 × 较小 PE 线截面
			电气设备与装置外可导电部分间	0.5 × PE 线截面
最小值	6mm² 铜线或相同 电导值导线②	同右	有机械保护时	2.5mm² 铜线 或 4mm² 铝线
			无机械保护时	4mm² 铜线
	热镀锌钢 圆钢 φ10 扁钢 25mm×4mm		热镀锌钢 圆钢 φ8 扁钢 20mm×4mm	
最大值	25mm² 铜线或相 同电导值导线②	同左		

① 局部场所内最大 PE 线截面。
② 不允许采用无机械保护的铝线。

等电位联结端子板截面不得小于所接等电位联结线截面。常规端子板的规格为：260mm×100mm×4mm，或者是 260mm×25mm×4mm。等电位联结端子板应采取螺栓连接，以便于拆卸进行定期检测。